"十四五"普通高等教育本科部委级规划教材

乡村人居
环境改造
设计与实践

XIANGCUN RENJU
HUANJING GAIZAO
SHEJI YU SHIJIAN

高小勇　张丹萍　赵瑞峰◎编著

U0241385

中国纺织出版社有限公司

图书在版编目（CIP）数据

乡村人居环境改造设计与实践 / 高小勇，张丹萍，赵瑞峰编著. -- 北京：中国纺织出版社有限公司，2022.12
"十四五"普通高等教育本科部委级规划教材
ISBN 978-7-5180-9771-5

Ⅰ. ①乡… Ⅱ. ①高… ②张… ③赵… Ⅲ. ①农村—居住环境—环境设计—中国—高等学校—教材 Ⅳ. ①X21

中国版本图书馆CIP数据核字（2022）第147587号

责任编辑：余莉花　　责任校对：高　涵　　责任印制：王艳丽

中国纺织出版社有限公司出版发行
地址：北京市朝阳区百子湾东里 A407 号楼　邮政编码：100124
销售电话：010 — 67004422　传真：010 — 87155801
http://www.c-textilep.com
中国纺织出版社天猫旗舰店
官方微博 http://weibo.com/2119887771
天津千鹤文化传播有限公司印刷　各地新华书店经销
2022 年 12 月第 1 版第 1 次印刷
开本：787×1092　1/16　印张：12
字数：200 千字　定价：79.00 元

改善农村人居环境，建设美丽宜居乡村，这是乡村振兴战略的一项重要任务。目前，我国农村人居环境状况很不平衡，脏乱差问题在一些地区还比较突出。综合来看，与全面建成小康社会的要求和农民群众的期盼还存在较大差距，仍然是经济社会发展的短板。故而，聚焦乡村，加快推进农村人居环境整治，在地域性与艺术性的平衡中对乡村人居环境进行改造设计，进一步改善乡村人居环境，是本书的研究方向和最终目的。

为此，本书着眼于在乡村人居环境的改造实践中，研究探讨设计的合理性、艺术性、创造性、适应性、文化性、产业性等，合理地把握设计过程，探究思维方式与设计方法。针对乡村环境综合整治的重难点问题，积极探索当地乡村人居环境，总结乡村人居环境现状，提炼乡村人文气息，将艺术熔铸于乡村建设，补齐乡村人居环境短板，提高乡村人居环境质量，建设怡然乐居的美丽乡村。在这个过程中，平衡乡村与当代空间的关系，将因地制宜的思想作为乡村人居环境改造的重要价值取向。同时，努力把握艺术性与地域性共生，即乡村所处地域的美学特征和文化倾向，深入乡村生活，积极主动与村民交流，尊重当地环境和客观规律的发展，在实践中推进乡村美感度的更深层次理解，让更多人去切实感受"绿树村边合，青山郭外斜"般悠闲自在的乡村生活，产生情感共鸣。

本书的主体知识结构分为七章，第一章至第四章主要包括乡村人居环境相关概念释义、建设的发展历史与现状、设计原理、设计的基本方法和原则；第五章讲述乡村人居环境专项设计，这是乡村人居环境的改造与实践的重要组成部分；第六章讲述乡村人居环境改造设计实践的教学与实训，通过介绍四个已落地的具体案例，说明乡村人居环境改造的具体设计方法、策略和步骤；第七章是乡村人居环境设计优秀案例欣赏与分析，特别强调"从内聚到开放""历史与现代相平衡"的设计观念。

愿本书能够给有志从事乡村人居环境改造设计的学生以体悟和启迪。

高小勇

2022年8月20日

目录

第一章

乡村人居环境相关概念释义

第一节

乡村的基本概念

一、乡村的含义

乡村是指以农业生产生活为基础，以农业经济为主的聚居地。乡村又称非城市化地区，通常指社会生产力发展到一定阶段后产生的、相对独立的、具有特定的经济、社会和自然景观特点的地区综合体。

乡村作为人类聚落发展的摇篮古已有之。"乡"为野域，"村"为聚落，我国古代常将乡、村二字连用，用以指代城以外的区域。自南宋后，"乡村"开始成为具有地域含义的固定词语。直至现在，"乡村"的字义更多地带有行政划分之意，即是"乡"和"村"的范围指定，均为县以下的地方基层组织（图1-1）。

乡村的产业结构以农业为中心，其他行业或部门都或直接或间接地为农业服务或与农业生产有关，人们认为乡村就是从事农业生产和农民聚居的地方，并把乡村经济和农业相等同。按照乡村的经济活动内容，可分为以一业为主的农业村（种植业）、林业村、牧村和渔村，也有农林、农牧、农渔等兼业村落。

乡村具有大面积的农田或者林业用地等，指主要从事农业、人口分布较城镇分散的地方。以重庆市宝峰镇为例，一般来说，乡村聚落具有农舍、牲畜棚圈、仓库场院、道路（图1-2）、水渠（图1-3）、宅旁绿地，以及特定环境和专业化生产条件下特有的附属设施等（图1-4）。

近年来，随着中国城市化进程加快、中国经济快速发展、新农村和美丽乡村建设等

图1-1 现代乡村

因素的带动，更多城市生活群体开始注意乡村和乡村旅游带来的身心需要，乡村恰好有着丰富多样的地貌资源和历史沉淀，具有特定的自然景观（图1-5）和社会经济条件，是人类与周围环境长期作用的产物。乡村生活体现着低生活成本、低碳生活方式、群体性娱乐方式以及天人合一的生存理念。例如，自给自足、就地取材、取之于自然回归于自然等生存智慧，以及乡村特定的社会结构和文化传统等。为此，在尊重乡村生活特

图1-2　重庆市宝峰镇乡村道路

图1-3　重庆市宝峰镇乡村水渠

图1-4　重庆市宝峰镇乡村农田

图1-5　重庆武隆犀牛古寨自然景观

点基础上的乡村建设成为现代社会发展的规律与根本。

二、乡村的重要性

乡村是一个在中国超过8亿人口生活的庞大的人群生活区域。自党的十九大提出乡村振兴以来，在加快推进农业农村现代化的同时，农业成为中国有利的发展产业。而如今的乡村不仅从事农业生产活动（图1-6），还从事着部分非农业生产活动，在中国发展进程中有着不可或缺的作用。

从国家层面来讲，乡村处在贯彻执行党的路线方针政策的末端，是我们党执政大厦

图1-6　农业生产活动

的地基。乡村包含农业、农村、农民，连续多年的"中央一号文件"都和"三农"问题息息相关，广大的农民不仅肩负着保障粮食安全的重大使命，也为国家发展提供了宝贵的劳动力资源，是国家政权的重要根基。

从社会层面来讲，乡村是处于城市与城市之间，以相对独立的身份行使一定的行政组织工作的基层单位。与城市相比，乡村有着更加完整的生态循环属性，可以实现自给自足的社会经济循环模式。乡村振兴（图1-7）一方面可以带动在城市务工的农民工回流乡村，给农村带来丰富的人力资源，从而带动乡村农业和基础加工业的发展；另一方面可以吸引大量的低收入群体回流乡村，降低社会矛盾，有利于社会长治久安。

从群众层面来讲，历史雄辩证明，得民心者得天下。在乡村建设中，紧紧依靠群众、相信群众、坚持从群众中来到群众中去的工作方法，使百姓的收入增加、生活水平提高，有利于巩固执政党的威信，有利于社会的长治久安，有利于人心的稳定。建设美丽乡村，直接提升着农民的获得感和幸福感。

图1-7　重庆北碚乡村振兴建设

三、当代中国乡村的发展情况

近年来，从中央到地方，全国上下集中资源、强化保障、精准施策，加快补上"三农"领域短板，乡村振兴取得积极进展，为经济社会发展大局发挥了重要的压舱石作用。虽然乡村振兴取得显著成就，在农业综合生产能力明显提高的同时，农业技术装备水平、农业科技创新能力也都得到了增强和提高。但在中国乡村发展途中，仍存在一些问题需要解决。

（一）生态之忧

从生态系统的特征来看，与城市相比，乡村仍具有较明显自我循环的以土地为根本基质的自然生态系统特征。极端恶劣气候、动植物病虫害、土壤肥力下降、农药化肥用量增加等国内因素以及经济贸易全球化对农业和粮食发展带来的冲击等外部因素，都使得农业生产环境日趋复杂（图1-8）。

（二）产业之忧

在产业结构方面，乡村产业结构以第一产业为主，并随着时代进步逐渐向第一、第二、第三产业协调发展。乡村的产业发展质量不高，活力不足，基础设施薄弱，环境有所破坏。一些农村虽然进行了产业开发，但是相关的水、电、道路等基础设施建设十分薄弱（图1-9），网络通信、仓储物流等设施也未实现全覆盖，当地的市场建设也比较落后，对产品的销售有很大的限制，从而进一步增加了产业的运营成本。此外，农村的相关污染处理设施也十分有限，对于产业产生的污染缺乏科学、合理的处理，导致破坏了当地的自然环境。

（三）文化之忧

在社会文化方面，乡村文化受生产力和社会结构的影响，乡土观念在乡村文化中发挥着极其重要的作用。相对于城市文化来说，乡村文化更加传统和保守。

由于受教育的程度偏低，大部分农民的经济条件较差。另外，近年来，大批有一定知识文化的青年农民，纷纷涌入城市，成为务工人员，乡村留守者皆为老弱妇幼。这些孤独的守望者文化知识严重不足，无力担当乡村和谐文化的建设者和传承者，广阔农村成为新的文化荒野。乡村不应被忽视，它急需文化的滋润（图1-10）。

图1-8　重庆市宝峰镇土地现状

图1-9 部分乡村基础设施现状

图1-10 重庆市奉节县现状鸟瞰图

困难并没有阻挡我国"三农"领域补短板的步伐，同时农村基础设施建设也开始迈向了更高质量的发展。在中国的乡村发展中，我国将按照全面推进乡村振兴的要求，坚持农业现代化和农村现代化一体设计、一并推进，大力实施乡村建设行动，同时巩固拓展脱贫攻坚成果同乡村振兴有效衔接，加快农业农村现代化步伐。

第二节

乡村人居环境的基本概念

一、乡村人居环境释义

人居环境是人类工作劳动、生活居住、休闲娱乐和社会交往的空间场所，是指人类大多数生存活动开展的地方（图1-11）。人居环境科学是以包括乡村、城镇、城市等在内的所有人类聚居形式为研究对象的科学，它着重研究人与环境之间的相互关系，强调将人类聚居作为一个整体，从政治、社会、文化、技术等各个方面，全面、系统、综合地加以研究，其目的是要了解、掌握人类聚居发生、发展的客观规律，从而更好地建设符合人类理想的聚居环境。

乡村人居环境是在人居环境基础上特定的乡村空间场所（图1-12），它的形成是社会生产力的发展引起人类的生存方式不断变化的结果。乡村人居环境是以乡村开发、乡村发展及其存在的各种问题为中心进行的综合性研究，它与人类乡村环境的形成与发展息息相关。正因为有乡村人居环境的存在，人类才能更好地生存于变幻莫测的大自然中。

二、改善乡村人居环境的重要性

我国农村人居环境状况很不平衡，部分地区的脏、乱、差问题还比较突出，大部分

图1-11　人居环境

图1-12　乡村人居环境

村庄都存在垃圾围村现象，形成了"室内现代化、室外脏乱差"（图1-13）的情况，与全面建成小康社会要求和农民群众期盼还有较大差距，仍然是经济社会发展的突出短板。

为加快推进农村人居环境整治，进一步提升农村人居环境水平，国家下发了关于农村人居环境整治的相关方案。改善农村人居环境，建设美丽宜居乡村，是实施乡村振兴战略的一项重要任务，事关全面建成小康社会，事关广大农民根本福祉，事关农村社会文明和谐。改善乡村人居环境生态文明建设是关系人民福祉、民族未来的大计，是实现中华民族伟大复兴和中国梦的重要内容。

乡村的生态文明建设，需付出大量努力。我国人民在生活水平大幅提高的前提下，对环境和生活水平的标准有着更高的要求。为顺应广大农民过上美好生活的期待，统筹城乡发展，统筹生产生活生态，应以建设美丽宜居村庄为导向，动员各方力量，整合各种资源，强化各项举措，加快补齐乡村人居环境突出短板，为如期实现全面建成小康社会目标打下坚实基础。全面提升农村人居环境质量，是为全面推进乡村振兴、加快农业农村现代化、建设美丽中国提供的有力支撑。既要满足农村居民日益增长的美好生活需要，推动乡村振兴，实现乡村生态宜居，更能凸显乡村人居环境整治的必要性、紧迫性和长期性（图1-14、图1-15）。

图1-13　房屋现代化

图1-14　现代美丽乡村民居

图1-15　现代美丽乡村环境

思考与练习

1.什么是乡村？什么是乡村人居环境？

2.乡村对于中国社会的意义是什么？你了解到的中国乡村是何种面貌？

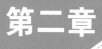

第二章

乡村人居环境建设的
发展历史与现状

第一节

典型发达国家乡村建设活动

世界各国均在乡村建设方面大展拳脚，发达国家也不例外，比较典型的有法国的多位发展、德国的村庄更新、日本的造村运动，以及韩国的自主协同等。

一、法国：多位发展

纵观法国历史，第二次世界大战后的法国仅用半个世纪就实现了农村现代化的建设。自上而下的政府干预在乡村复兴过程中起到了积极的引导作用。

（一）发展要点
1. 进行有条理的乡村治理规划
进行有条理的乡村治理规划的首要政策

就是进行"一体化农业"，利用现代科学技术和企业方式，将农业与同农业相关的工业、商业、运输部门相结合，组成利益共同体。"一体化农业"的实施不仅能整合其他相关部门，还能通过这些部门对农业发展进行一定的促进（图2-1）。

2. 创新保护古老村落
法国作为发达国家，城镇化与现代化快速发展的大背景下，为农村提供与城市大致相同的公共服务和发展机会，吸引城市人口流向农村，并且以最大力度保护农村特色。其最大特点就是"活态化"保护理念，即将老旧、荒废的建筑进行兼容传统与现代的改造，既保证美观，又保证实用，法国阿尔萨

图2-1　法国乡村及农业

小镇就是其中之一（图2-2）。

3. 进行领土整治

重视对农村社会资源的优化配置，完善对农业基础研究、应用研究以及技术上的推广，提升农民的素质，从而更好地发挥科技对农业的支撑作用。

（二）案例介绍

1. 格拉斯小镇

（1）概况。因小说《香水》而得名的法国香水之都，拥有花田风光、芳香产业与海

图2-2 法国阿尔萨小镇

景风光，致力于打造浪漫优雅、惬意慵懒的氛围，突出其"鲜花产业+浪漫胜地"的特色。

（2）发展。香水产业发达，拥有最古老的香水加工厂，是香奈儿、莫利纳尔等知名香水品牌的加工厂，同时也是法国香水的重要产地和原料供应地。该地拥有丰富的节日活动与中世纪古老建筑，外围有河谷与花田分布，花期各有不同，形成花园城市。原产地的购物体验、定制服务，为格拉斯小镇打造深度香水体验路线奠定了基础（图2-3）。

（3）总结。格拉斯小镇的成功离不开四点：专注研发、形成全球产业、深耕品牌、原产地形象打造，典型的依托当地自然，因地制宜进行乡村建设。

2. 普罗旺斯

（1）概况。法国南部地中海沿岸的普罗旺斯号称"逃逸都市、享受慵懒"的梦想之地，不仅是法国国内最美丽的乡村度假胜地，也吸引着来自世界各地的度假人群，到此感受普罗旺斯的恬静氛围。

（2）发展。普罗旺斯旅游形象定位是薰

图2-3 格拉斯小镇

衣草之乡，功能定位是农业观光旅游目的地。旅游核心项目及旅游产品主要有田园风光观光游、葡萄酒酒坊体验游、香水作坊体验游。在业态方面设置家庭旅馆、艺术中心、特色手工艺品商铺、香水香皂手工艺作坊、葡萄酒酿造作坊。

（3）总结。普罗旺斯的乡村旅游得益于其凸显特色化、立足于本土、独具魅力的农业产业化，注重将游客体验融入其中，使生产景观化，增加业态，将农业生产与生态农业建设以及旅游休闲观光有机结合（图2-4）。

（三）模式总结

积极发展生态农业、乡村旅游业、乡村服务业，统筹多方位发展，加快法国进行乡村建设的进程。一方面，法国拥有优越的自然环境、深厚的文化底蕴、便捷的交通；另一方面，政府一直以来都尤为重视科学指导、技术保障、学习培训、资金扶持等方法，从而助推乡村建设。在长此以往不断的循环中，加快了现代化农业模式的实现。

二、德国：村庄更新

第二次世界大战对德国社会造成重创，在经过半个多世纪的恢复和发展后，德国基本上实现了工业化、城市化与农业农村现代化的同步发展，基本上消除了城乡发展不同步的鸿沟。

（一）发展要点

（1）加强对农业农村的保护和投入。政府出台法律政策，通过"三农"手段和财政补贴对农业进行保护。通过重视对农村基础建设的投入，使乡村与城市之间的差距逐渐减小，把既要能够吸引青年又要实现可持续发展与生态作为优先目标（图2-5）。

（2）构建合作化体系。建立合作组织，使交易成本减少，降低损失，并形成分工合作的模式，将全国分为农场主、地区联盟、全国联盟三个层次。

（3）大力发展绿色农业。实行发展有机农业政策，通过法律手段层层把控。

（4）提高农村生产生活的条件。开展数字化农村建设，加强对农民的培训，组织村

图2-4　普罗旺斯

落的文化建设，从而为农村补充人力资源与人文精神。

（二）案例介绍

1. 北莱茵西伐利亚邦欧豪村

（1）概况。欧豪村是一个德国小村庄，截至2020年年底，该村仅有五百余位居民，村庄占地约400公顷。自1990年，欧豪村村民在无法忍受欠佳的生活条件下，决定开始进行生态改造，将现代化的建筑与有机的生活环境相结合，使乡村资源展现了丰富的活力。

（2）发展。村内现代化的痕迹如今已部分铲除，以植草的地面、透水砖或自然石取而代之，在环保上，德国人采用减法。其境内丰富的自然文化遗产，正是仰赖他们的念旧而得以保留。村里的低洼处也划为湿地或滞留池，在保育水资源的同时，也复育着当地动植物（图2-6）。

（3）总结。从家园的重建扩展到大环境的重生，这代表着德国人从本位主义中脱壳而出，与自然重新融合，得出"绿色环境才是永续之道"的结论，也让其明白在发展现代化的同时，保护好乡村的生态环境才是关键。生态化与现代化的和谐发展是其遵循的原则。

2. 北莱茵西伐利亚邦梅达巴村

（1）概况。因地处邦内第二大鸟类保育区内，该村在经济建设、农业发展方面等都受到相关限制。农民只能在鸟离巢后才能收

图2-5　德国村庄

图2-6　北莱茵西伐利亚邦欧豪村

割作物，因此一年只能收获一次；而具有生态价值或特有物种等地区，则被禁止开发成农田等。

（2）发展。梅达巴村保育区延伸到了镇上建筑区的边缘。矿业曾是这里的传统产业，相关单位将旧建筑改建成矿业博物馆后，不仅维持了生态环境水平，同时也让文化遗产得以保存延续（图2-7）。

（3）总结。在城市化进程中，乡村中由于产业结构转型而闲置的房舍或农舍越来越多，如何合理地处理这些闲置的房舍，就成了必须面对的挑战。所以，激活乡村资源的重要一环就是激活乡村闲置房屋资源，即旧空间新利用是发展方向。

（三）模式总结

长期以来，德国对生态景观建设的重视和尊重自然、顺应自然、保护自然的理念贯穿其土地整治的全过程。生态占补平衡措施充分体现了德国对生态景观保护和建设的重视，平衡发展一直是德国开展乡村建设的主要路径。

三、日本：造村运动

日本在工业化与城市化的最初进程中也曾出现发展不平衡的问题，但其开展了村镇综合建设示范工程，不仅改善了农村生活环境，同时也缩小了城乡差距。在政府的大力倡导与扶持下，各地区根据自身的实际情况，因地制宜地构建了富有地方特色的农村发展模式。

（一）发展要点

（1）鼓励工业由大都市向中小城镇和农村转移，推动农村工业化发展。旨在解决产业合理布局、区域均衡发展，缩小城乡差距的难题。

（2）明确建设投资分工政策。建设支出应由国家和县级、地级政府按一定比例进行

图2-7　梅达巴村

承担。

（3）严格的自然环境保护政策。日本在农村地区污水、固体废弃物处置和封山育林方面所做的努力和成效较佳。在农村，排污排废的治理水平要高于许多其他发达国家，其治理设施的权责也是清晰且明确的。

（4）鼓励农村居民参与。从地区发展规划的制定，到地区环境建设事业的知晓、参与，及一系列地区居民与建设事业的"共建"式活动，在促进农民就业的同时，这种方式也形成了政府、金融机构、企业等社会力量和农民共同参与农村建设的机制（图2-8）。

（二）案例介绍——白川乡合掌村

（1）概况。合掌村坐落在日本岐阜县白川乡山麓。为抵御大自然的严冬和豪雪，村民创造出"合掌造"房屋的建筑形式以适应大家族居住。目前白川乡内共有5座合掌村落（图2-9）。

（2）发展。合掌村在文化遗产保护和传承上具有较先进的水平，沿用并创造出一系列独特的乡土文化保护措施，成为"日本传统风味十足的美丽乡村"。

（3）总结。合掌村成功的因素有三点：传统文化资源的开发、基础配套建筑设施的完善、民宿和旅游的结合。

（三）模式总结

理念上，通过城市和农村之间的相互吸引力进行融合，使城市与农村共同打破其之

图2-8 日本乡村建设

图2-9 白川乡合掌村

间的壁垒，形成一个城乡融合的生态圈。但日本老龄化严重，从事农业的青壮年比例越来越少，医疗与养老保险负担日益沉重的问题也值得思考。

四、韩国：自主协同

韩国的基本国情是国土面积小、丘陵广、人口众多，这极大地限制了其农业的发展。第二次世界大战结束时，作为传统农业国家的韩国，农民生活极其贫困。继20世纪60~70年代，韩国工业得到快速发展的同时，也面临着城乡差距明显和工农业失衡严重而制约着经济社会协调发展的难题。

（一）发展要点

（1）根据乡村的实际情况采取具有针对性的差别化支持政策。将村庄统筹分为基础村、自立村、自助村，鼓励村民用自己的力量改变现状，并且对积极建设的村庄进行经济补贴。

（2）开展人员培训。不仅对农民进行素质和技术提升，还对有关农业的政府官员、志愿者进行培训，极大地壮大了建设新农村的队伍。

（3）发挥村民的主体作用。让村民自主协调，自主选举领导者，提高了农民的积极性和责任心。这不仅让政府更好地了解了农民的需求，同时也尊重了他们的意愿。

（4）完善农村基础设施建设。应新修道路、水利设施、便民设施、公共设施等。

（二）案例介绍——清道郡

（1）概况。清道郡是韩国"新村运动"的发源地，目前正引领韩国六次产业发展新浪潮。清道郡农业技术中心以本地特有的"涩柿子"为研发对象，成立了柿子研究所。研究所将柿子从生产延伸到加工和生态旅游，产业之间通过链接和深度融合，形成六次产业（图2-10）。

（2）发展。当地政府以柿子为中心，打造了全球首个"柿子发酵酒"主题浪漫酒窖。该酒窖布置在当地日本殖民时代的废弃隧道内。通过综合性开发，隧道已经成为集试饮、展销、聚会、文创为一体的柿子酒主题旅游景点。

（3）总结。韩国清道郡以柿子作为发展重点，通过产业融合发展，充分发挥加法效应，打造出独具当地特色的六次产业，让农产品实现了价值增值。

（三）模式总结

韩国的"新村运动"以扩张道路、架设桥梁、整理农地、开发农业用水等作为农村基础设施建设的重点，政府适时倡导自力更生，引导发展养蚕、养蜂、养鱼、栽植果树、发展畜牧等特色都市产业，因地制宜地开辟出了特色农业区，以环境育人养人，以政策支持保障。

图2-10　清道郡

第二节

中国乡村人居环境研究概况

中国对人居环境的研究，最早可以追溯到儒家《内经》中"天人合一"的思想，其强调在打造、建设人居环境的过程中，必须要遵循自然的发展规律。在中国广阔的土地上，诞生了华夏民族，山脉、河流、生态自然条件，不同民族的居住方式、社会观念、信仰以及不同时期的建筑营造技术，孕育了中国乡村发展的蜿蜒历史，进而为乡村人居环境注入了不同的成长基因，奠定了人居景观独有的特质，如三明红鱼谷（图2-11）。

一、乡村景观研究的概况

中国对乡村景观的研究，主要开始于20世纪80年代，相较于发达国家来说起步略晚。涉及乡村景观设计的不同领域的学者们曾先后引进了包括法国、荷兰、日本、

韩国等发达国家的一些先进理论研究成果和经验，并结合自己的实践探索，不断地完善我国的乡村景观理论体系，最终衍生出乡村景观分类、乡村景观评价、乡村景观规划设计、乡村景观旅游、乡村人类聚居环境、乡村景观园林、乡村农业景观、乡村聚落景观等多个考察方面。在20世纪80年代末，我国的乡村景观研究才有了初步的发展，同时也奠定了由传统乡村向现代乡村的转变需要结合科学的理论的见解。随着研究的深入，乡村景观研究的分支也逐渐扩大。

二、乡村景观与规划设计的概况

19世纪初，近代地理学创始人洪堡德将"景观"一词引入了地理学中。景观最

图2-11 三明红鱼谷生态环境

初的含义主要集中在景观的视觉特性及其文化价值上，经过几代相关学者的补充，现在意为该地域空间中的地貌、植被、河流，以及该地的人文、宗教、习俗等精神层面的内容（图2-12、图2-13）。关注农村建筑与景观环境设计，正是协调农村"土地"与"人"关系的融合剂，并从中逐渐摸索出了中国城市、乡镇和农村之间的连接。

三、传统村落（文化遗产）保护的概况

传统村落（图2-14）与文化历史遗产，

既是当地历史文化的象征，又是文化过程的产物。早期一些建筑及规划领域的学者，对古村落中的民居建筑进行调研与资料整理，探索出了历史文化村镇形成的研究方向及发展策略。其研究成果包括：古村落相关的价值与特征研究、古村落保护与原住居民的关系研究、古村落旅游开发与保护策略研究、古村落中建筑文化和历史文化研究以及古村落社会结构研究。

随着"农业现代化、新农村建设、乡村旅游开发"的多重挑战与冲击，传统村落与文化遗产曾遭受"建设性、开发性、旅游性"的破坏。现阶段通过我国政策的加持与学者思想的支撑，在奉行可持续发展的总蓝

图2-12 人文精神（贵州雷公山）

图2-13 生态环境（贵州雷公山）

图下，对于传统村落与文化遗产的发展与保护（图2-15）总结出了原真性、整体性、因地制宜、可持续性发展的原则，如重庆市宝峰镇恐龙园的规划设计就很好地体现了这一点。

四、环境心理学的概况

我国在环境心理学领域的研究是从引进国外学者的理论书籍起步的，其应用研究主要体现在室内外空间、尺度、场所环境氛围营造等方面。环境心理学研究的侧重点，一方面是以人类为中心的倾向；另一方面是以生态为中心的倾向。这两种倾向都肯定了环境的重要价值，但二者的动机不同，前一种肯定环境对人类的贡献，后一种更偏向于肯定环境自身的价值。该

领域的学者专家借鉴国外优秀理论书籍进行翻译并研究，使我国在环境心理学理论研究方面有了进一步发展。

我国现目前对于环境心理学，比较侧重于以下几个方面：

（一）环境心理学应用于设计

环境心理学应用于设计主要体现在建筑设计和环境设计中，从满足人们心理的角度，运用环境心理学的理论来提高设计效果。

（二）潜在的环境影响

关于潜在环境影响的研究主要集中在人类行为及其对潜在环境中的人的影响。例如，物理环境中的非视觉因素：气候、湿度、温度、高度、颜色、光线和噪声等对人的影响。

图2-14　武隆犀牛寨传统村落

图2-15　重庆市宝峰镇恐龙园规划设计

（三）不同环境下的心理影响

研究人类环境类型、不同的自然环境、学习环境、工作环境和生活环境对个体心理和行为的影响。

（四）环境问题的心理影响

主要研究当环境问题存在时，人们的心理状态的反应以及环境问题对人们心理和行为的影响。

（五）环境空间

环境空间主要研究空间行为与环境的可识别性、空间的活力与舒适性、空间的保密性与公共性、空间使用的影响，尤其是空间建设与布局对个体人际关系与沟通方式的影响、人与人之间的距离、个体空间的影响因素、个人空间的使用与入侵、人与人行为的控制与组织。

（六）深层讨论

深层讨论主要包括国内外研究介绍、跨学科讨论、环境心理学、研究方法与其他学科的关系、学科发展趋势等。

（七）环境压力

环境压力主要研究环境应激对人类心理、行为和健康的影响，即研究个体在身体或心理受到威胁和处于紧张状态时的心理行为和健康反应。

（八）环保意识

环保意识是指对环境的直觉和理解的研究，包括环境信息的获取和影响环境感知的潜在环境因素的感知、认知地图、城市和建筑的表征等。

环境心理学渗透在我们生活的方方面面，与我们的身心密切相关。随着我国经济的快速发展，环境设计工作中更需要考虑如何开展环境心理学研究与应用，并使该门学科在中国社会发展中发挥应有的积极作用。

第三节

国内乡村发展现状

我国乡村地区在漫长的发展历程中呈现出分布区域广、数量大、人口多、文化底蕴深厚等特征，乡村建设一直是我国发展战略的重要组成部分。自20世纪以来，围绕"三农"问题展开的乡村建设经历了不同的发展阶段。对于目前乡村建设而言，不仅要理性地把握其发展历程，也要基于时代背景思考乡村建设的发展方向。

一、发展乡村人居环境的意义

人居环境指人类聚居生活的地方，是与人类生存活动密切相关的地表空间，包括自然、人群、社会、居住、支撑五大系统。人居环境是人类工作劳动、生活居住、休闲娱乐和社会交往的空间场所，着重研究人与环境之间的相互关系，强调把人类聚居作为一个整体，从政治、社会、文化、技术等方面，全面地、系统地、综合地加以研究，其目的是要了解、掌握人类聚居发生、发展的客观规律，从而更好地建设符合人类理想的聚居环境。加强现代农村的人居环境和基础设施建设，采取统一规划、合理布局、有序建设的基本规划方案，有利于大规模地节约与集约土地应用，实现人与自然之间的和谐相处（图2-16）。

二、中国城镇化进程高速发展的社会背景

随着社会经济的迅速发展，我国的城镇化建设水平不断提高，标志着我国正从农业大国向现代化城市型国家转型，但这也造成了乡村人口迅速流失。年轻农民离土离乡现象普遍且较多，留守的耕种者趋向老龄化，从而导致农业生产困难、农村落后、农民权利保障与农民收入增长无法得到保障等问题逐渐凸显。由于粮食种植相较于其他工作难以致富，而且劳作辛苦，越来越多的农民不再将农耕作为主要的收入来源，越来越多的青壮年农民离开了土地进城务工，在田间劳作的农民年龄普遍在50岁以上。在出现严重的"三农"问题背景下，这些问题具体体现在农民收入低、增收难、农业发展落后、农村环境失调（图2-17）、"千村一面"（图2-18）等方面。在"新农村"模式发展建设的过程中，国家对城乡一体化建设尤为关注，乡村的环境建设、人口增长以及经济的发展正逐渐成为新农村建设发展的关注重点。

图2-16 人与自然和谐相处

图2-17　农村环境失调

图2-18　"千村一面"问题

三、乡村发展滞后导致传统农耕文明衰败

自改革开放以来，我国许多地区快速推进城镇化，一方面使我国的资源要素得以在城镇中迅速集中，城镇化步伐飞速迈进；另一方面，乡村大量耕地资源被侵占，农业相对弱化，农村环境遭污染，农民不断边缘化，乡村秩序被扰乱，传统农耕文化受到冲击等。城镇化进程中，一些传统村落正在逐渐消失。不发达地区，大量农村劳动力进城务工，乡村出现了空心化现象，导致迁村并点，原有老建筑闲置、废弃和破败（图2-19），村落传统文化失去活态化传承，传统生活方式和文化逐渐消失；而部分发达地区农村建设发展迅速，富裕起来的村民开始大规模地翻新老屋、建造新房，原本历史悠久的乡村古建筑被破坏。在此基础上，迫切需要乡村建设的可持续发展理论与方法来指导乡村建设，使其发展成美丽繁荣的现代化新农村。

随着我国持续推进的城市化发展，城乡的规模、形态与格局都发生着巨变。随着城乡发展差距的扩大，乡村与城市的形象边界越来越模糊，越来越多村落的生态环境与原始地貌遭到了破坏，这让原有的生态平衡被打破，自然风光及人文古迹与现代建筑格格不入，甚至出现"城市化"面貌，完全丧失了乡村应有的风貌，具体表现为三个方面。一是乡村住宅密集化。原本的农村住户分布松散，选址比较迁就自然地理环境，而今为了增加入住率，放弃了具有原本地域文化的组合，选用密集整齐的排列方式，使乡村失去了原有美感，更让乡村与城市之间的区别变得模糊。二是乡村居民争相模仿建造城市别墅和欧式洋楼（图2-20），而劣质的材料与千篇一律的造型则抹去了原本独属

图2-19　老建筑废弃破败

于中国乡村的闲适感。三是乡村景观城市化（图2-21）。过于强调提升环境品质的诉求，一味追求城市的景观形式，拆除原来富有地域特色的古建民居，转而将民居建筑改为具有现代城市风格的建筑。乡村应是自然的、富有特色的、没有提炼深层的乡村本土文化，应该避免生搬硬套城市建设的方法和形式（图2-22）。

图2-20　模仿欧式建筑

图2-21　城市化乡村建筑

图2-22　建筑风格杂乱

第四节

乡村振兴战略的新机遇与挑战

乡村振兴的实施，是中国决胜全面小康的关键，坚持农村的高质量发展，走出一条属于中国农民、反映中国特色的振兴道路，充满了机遇与挑战。

打造良好的生态环境要实现"产业兴旺、生态宜居、乡风文明、治理有效、生活富裕"的远景目标。如何因地制宜构建乡村旅游的发展，打造和谐的乡村人居环境，如何对乡村环境进行保护，是实施乡村振兴的难点、重点。因此，在乡村建设中，面对急需打造能与环境相融、因地制宜的乡村景观时（图2-23），要尊重自然规律，强化资源保护意识，注重人工景观与自然景观之间的平衡关系。

保护传统村落和文化遗产迫在眉睫，正确认知传统村落的价值，在目前的形势下尤为重要。建筑文化的复兴应该去传统村落里寻找，中国乡村承载着中国人民古朴的生活方式。由于乡村建设的推进缺乏有效的引导与管理，现实中乡村空间布局杂乱没有主次，人工景观与周边自然环境之间不融洽，

图2-23　因地制宜乡村建设效果图

缺乏协调的景观风貌，特色不鲜明。因此在乡村景观设计与建设实践中要在保护的基础上建设，赋予老乡村新定义（图2-24）。

乡村振兴的机遇在于两方面。一是构建人类命运共同体的需要，解决好生态环境问题才能打好发展人类命运共同体的基础，在坚持节约资源和保护环境的国情、政策下，"绿水青山就是金山银山"的理念已深入民心，而改善乡村人居条件，又是乡村振兴的基础。二是目前处于最好的政治机遇期。从目前全球大环境来看，乡村衰退在城市化和现代化中是常态，中国乡村振兴战略旨在将城市化与现代化相结合，走出符合中国国情的道路，除了发展田园综合体的建设思路外，更有众多政策的保障，针对乡村振兴战略的研究也迅速丰富起来。

? 思考与练习

1. 发达国家进行了哪些乡村建设运动？对我国的乡村建设发展有着怎样的参考意义？

2. 我国的乡村建设经历了哪些过程？当前出现了哪些问题？

3. 乡村振兴战略对于乡村发展具有哪些意义？

图2-24　传统村落改造

第三章

乡村人居环境
设计原理

第一节

乡村人居环境的构成要素

乡村人居环境是自然环境与人文环境的并立,即相互交融所形成的空间场所。在人居环境科学的大背景下,人类从被动地依赖自然到逐步地利用自然,再到主动地改造自然,形成了特有的乡村逻辑关系。基于这一基础去分析人居环境的构成要素,可从生态要素和人文要素两个方面进行解说。作为环境的载体,生态要素由外在的景观元素构成;人文要素则由内在的人文情感和外在的行为活动构成,是通过具象或非具象的有机活动呈现出特有的人文景观形态(图3-1)。

一、生态要素

自然生态环境是孕育乡村的摇篮,村落的营建是人与自然的有机结合,不同的地理环境必然会产生不同地域性特色的乡村风貌。影响乡村景观的生态要素主要包括地域形态、气候条件、水系(图3-2)。

图3-1　生态人文居住环境

图3-2　雷公山人居环境（贵州雷山县）

（一）地域形态

地域形态是构成乡村人居环境最基本的要素之一，其形态变化万千，地形复杂多样，所造就出的乡村地理形态也是千姿百态。特定的地域形态和历史文化赋予生长于这块土地上的人特定的精神面貌和个性品质。这种精神品质千百年来逐渐积淀、聚合，形成地域精神的内核，由此构造了不同特色的乡村人居环境（图3-3）。

（二）气候条件

气候条件是构成乡村人居环境最基础也是最重要的因素，乡村人居环境与气候条件密不可分。不同条件下的气温、降水、风力等不尽相同，必然形成截然不同的生产生活方式，从而对环境建设起到重要的影响作用（图3-4）。

（三）水系

水是生命之源，是人类社会发展的物质基础。同时，作为一种基本物流，水是联系社会、经济、自然三个子系统的纽带，在乡村人居环境中，乡土人民对水的依赖是与生俱来的。村落的选址通常会靠近水域，以便人们生产生活。即便在缺少水资源的地区，也会通过人工挖掘水系来满足生存所需（图3-5）。

二、人文要素

乡村人文环境是由村民所创造的一定的实物和精神等表现形式所形成的空间场所，具有一定的历史性、文化性。其中反映乡村人居环境内在特征的人文要素包括器物形

图3-3　不同地形的人居环境

图3-4　不同气候的人居环境

图3-5　不同水系的人居环境

态、传统节日和民俗文化（图3-6）。

（一）器物形态

生活器物和装饰纹样形态是反映和维系乡村文化活态传承的基础，具有实用性和美观性。这些器物形态体现了人们的生产生活，记录着人与物之间的情感交流，是人居环境实用性的一种体现。

（二）传统节日

传统节日的起源和发展，是人类社会逐渐形成、逐步完善的文化过程，体现了乡土

图3-6　雷公山的人文景观（贵州雷山县）

人民对自然的认识和尊重，蕴含着厚重的历史与人文内涵，拥有丰富的文化内涵和精神核心。通过多种多样的形式来表达人们对幸福生活的积极向往和执着追求，是构成乡村人居环境必不可少的要素之一。

（三）民俗文化

民俗文化是民间民众的风俗生活文化的统称，以乡土社会作为主要阵地，大多隶属于意识范畴，其内容主要包括乡村的礼教文化、宗教文化及风水文化。

第二节

乡村人居环境的设计理念

环境艺术发展至今，多元化的特点尤为明显，其中对乡村人居环境的设计理念主要体现在两个方面。一是重在以人为本，主要针对设计对象的需求、困扰、爱好、审美、文化层次等。二是重在自然生态，放眼于整个大环境，在不破坏生态的原有基础上进行改造，围绕着环保、自然、绿色等字眼进行设计。随着人们对日益增长的美好生活的需要，这两方面既不对立，也不统一，而是包含与被包含的关系。乡村人居环境往往都是人和自然进行持续调整，和谐共处，最终达到一种自然、安定、和谐的状态。因此结合"人本关怀"与"生态保护"，得出了地域性、乡土性、社会性、实用性、审美性等几点基础理念，如四川开江民居改造就体现了这些理念（图3-7）。

一、地域性

人居环境的地域性，顾名思义，是人类聚居生活的地方，是与人类生存活动密切相关的空间，是由该地的自然因素和人文因素共同作用而形成的特色风貌。在乡村设计的过程中要充分考虑该地域的自然环境、人文特点、地方材质与技术，以及居民的生活习性。并针对这些方面，呈现出当地特有的人

图3-7　四川开江民居改造

居环境形态，如酉阳龚滩古镇的设计就很好地体现了当地的人文自然特色（图3-8）。

二、乡土性

乡土性是发迹并积淀于一个特定的地域，带有浓郁地方特色的物质、精神总和，包括民风民俗、自然景观、文物古迹、历史变迁、文化特征等。在中国，乡土性特征尤为重要，因为它深刻反映着源于漫长的农耕社会中所形成的乡土社会及所建立的乡土关系。因此，在乡村人居环境设计中需要考虑融入该地域衍生出的自然与人文有机结合的乡土性，从而增强村民对村落的自豪感和归属感。

三、社会性

村落作为村民开展各类社会活动的媒介，其中包含了一定的社会因素。落实社会性的前提是以人为主体，要关注满足人的需求。乡村人居环境是生产方式与生活状态的统一，是物质与精神的契合。因此形成一个有利于村民活动交流的空间，既可让村民产生集体感和归属感，同时还能让村民感受到

图3-8　酉阳龚滩古镇

安全感和幸福感，如酉阳龚滩古镇就是这样的村落（图3-9）。

四、实用性

乡村民居建筑的实用性，指的是村民在生产生活中的需要、建筑材料的使用以及经济预算等情况。这一方面最好的办法就是就地取材，这样既经济实惠、坚固耐用，还能够突显出不同地区的地域特色，提升村民的归属感，并且达到增添景观整体美感的目的（图3-10）。

图3-9　酉阳龚滩古镇

图3-10　永川黄瓜山

五、审美性

随着"经济全球化"的快速发展，人们通过互联网了解到各种形形色色的地域文化，不同年龄、层次的人群也形成了多样化的审美水平。因此，在进行乡村人居环境设计时，也需要充分考虑不同的审美需求。要用具体问题具体分析的基本原则来建设美丽乡村，在展示美丽乡村的特点、本质与内涵的前提下，满足大众的审美水平，并做到因地制宜（图3-10）。

第三节

乡村人居环境改造的方式

一、创新的方式

使用创新的方法来规划与设计农村的景观，发扬地域景观特色，其主要目的就是要发扬地域的景观特色，进一步引导与规范农村住宅建设形式。在规划建设过程中，要注意整体规划的重要性，将自然要素和人文要素紧密结合，共同发展。在进行环境改造的同时，还应该体现出当地的地域特色，尊重保护当地的民俗文化，并融入创新中，保证既弘扬了优秀传统文化，还能够提升乡村文化品质（图3-11）。

（一）新居建设应该体现出地域特色

村民住房建筑是农村景观发展过程中最为重要的组成部分之一。为了做到建筑风格能够表达当地的地域特色，建筑形态的确定不仅要听取专家的意见，还要征求当地村民的意见，做到既创新，在不脱离传统地域特色的基础上，融入现代气息，又能满足当地村民的需求与审美（图3-12）。不过随着时代的发展，人们的审美也不再单一化，众口难调的审美需求，也将成为一道重点难题。

（二）农田和植被的布局之美

植物是和土地的利用、环境的变化结合在一起的，是最紧密的一种自然景观元素。农田景观的种类繁多，如水稻田、麦田、蔬菜田、棉花田等，呈现的景观特点会随着时间和季节的变化而发生改变。树木不仅具有非常强的水土保持能力，还可以遮阴、防止地面水分蒸发，保护地下水层。地被植物具

图3-11　武隆创新性空间

有固土涵养水分、稳定坡体的作用，还能够抑制灰尘飞扬与土壤侵蚀。在乡村景观建设过程中，一定要注意农田和植被之间的合理搭配，充分发挥出植被的观赏性，以此提升乡村环境整体的品位（图3-13）。

在创新的同时，对于环境的改造同样重要。改造的方式主要体现在传承地域的自然与文化特色，使现代化新农村景观得到更快发展。但是，改造不等于随意改变，也不等于照搬模仿。改造的目的在于在保护原有过去装饰风格的基础上，进行进一步的规划设计，这是一种文化的传承，也是地域特色的延续。

改造的材料也是一大重点问题，针对乡土材料的使用要遵守就地取材和有机更新两条基本规则。就地取材可以根据不同村落的实际土地资源情况，挖掘本地常见的植物、泥土、石材等作为主要材料，进行该村的施工改造。这样的好处在于能够与周围自然环境紧密联系，达到一种整体的视觉效果，且更有利于凸显当地的地方特色。有机更新是为了改善环境，还原当地的原有光彩。将乡土材料与现代材料进行有机结合，融入改造之中，促进乡村人居环境的发展与建设。

二、保护的方式

保护方式主要体现在保护地域景观的特色，地域景观的特色亮点传承是乡村景观设计时需要高度关注的重点问题。保护当地景观的首要任务就是要保护好当地的自然条件，自然条件通常包括当地的地貌、气候、地质、水源、生物等多种类型的自然环境因素。原生态性是别具一格、独出心裁的，其特别之处就在于它是当地最具有地方色彩的原始自然文化，也是最值得人们关注与学习的地方。在新农村的规划过程中对于村落传统的保护和延续也是重点之一。

（一）地貌与地质保护措施

保护地貌与地质，首先需要了解当地地貌的形成环境与演变条件，该地区是否有需要保留的特殊地貌环境，是否有珍稀野生动植物等。针对不同的自然地貌有着不同的战略作用，因地制宜地针对不同地区的特点制订解决方案。

总体而言，对于地貌与地质的保护，最首要的工作是完善相关法律法规，与此同时，在需要保护的地貌区设置警示牌，并加大对当地村民的宣传力度，同时当地的政府需要及时宣传保护地貌区的措施。

图3-12　永川黄瓜山特色民居

图3-13　农田与环境之间的布局

（二）水源保护措施

水乃万物之源，生命之本，万事万物的发展皆离不开水的灌溉与滋润，因此，对于水源的保护异常重要，可以从以下几方面加强对水源的保护：

（1）及时清理水源中出现的垃圾，不随意向任意水源中倾倒垃圾，净化水源要从源头做起。

（2）监督有排放污水行为的工业工厂，并制定相关规定对随意向河道排放污水的企事业依法给予惩罚。

（3）保护树木，不乱砍滥伐，森林的破坏容易导致水源的枯竭。

（4）加强保护水资源宣传力度，在当地定时开展保护环境课程宣讲，提高村民的环保意识。

（三）生物保护措施

生物多样性是人类社会赖以生存和发展的基础，与人类福祉关系极其密切，具有直接、间接和潜在使用价值。保护生物多样性的措施如下：

1. 就地保护

针对当地数目庞大且对生存条件要求较高的动植物，主要采取就地保护，如建立自然保护区，是保护生物多样性最有效的措施。

2. 迁地保护

将濒危生物迁出原地，移入动物园、植物园、水族馆和濒危动物繁育中心，进行特殊的保护和管理。

3. 建立物种库

对当地生物、物种进行物种库整理，尤其是建立濒危物种库，以保护珍贵的遗传资源，能够有效避免该物种灭绝情况的出现。

4. 加强法制教育与管理

保护生物的同时，还应加强法制教育和管理，以提高公民的环境保护意识，对于违法猎杀动物者作出相应处罚。

我们的衣、食、住、行及物质文化生活的方方面面都与生物的多样性密切相关。

保护方式除了上述几种措施外，还体现在装饰趣味以及典型的文化情节中。例如，建筑的形态与当地气候、环境、地质、风水、信仰及生活习惯等多方面都存在十分紧密的关系，而装饰的内容往往体现在当地人在经济、文化、信仰、信念以及民俗民风当中，再一次体现出保护好自然与人文原生态性的重要性，因此，保护方式的选择尤为重要，如重庆永川石笋山碗厂的改造设计，如图3-14所示。

图3-14　石笋山碗厂设计

？

思考与练习

1. 乡村人居环境有哪些构成要素？具有怎样的设计理念？

2. 如何看待乡村人居环境改造的几种方式？

第四章

乡村人居环境设计的
基本方法和原则

第一节

场地景观特征调研

一、场地景观特征

乡村的场地景观介于城市景观和纯自然景观之间，是有自己生产生活方式的田园风光。因其具有自然和人文并蓄的特点，所以形成一种独特的景观资源。

英国著名环境设计师麦克哈格在《设计结合自然》一书中说过："大地是有内在的价值的，土地是有生命的，它是个活的系统。"所以自然的景观是个独特的生命体，在不同的环境场所中产生了不同类别的划分。例如，地形分为山脉、溪谷、山丘、平原、山谷等；水的形态分为海洋、湖泊、沼泽、溪流等；植被有森林、草地、灌木林等。森林又可以分为原生林、次生林；也可以根据树种单一和复杂程度分为单品种森林和杂树林等（图4-1）。

对乡村而言，人文景观就是村庄表面现象的复合体，可分为有形的物质人文景观和无形的精神人文景观。在此基础上还可以进行更细致的分解。例如，物质人文景观中的传统建筑类又可以分为古代宫殿、传统民居、宗教建筑等；精神人文景观中的民俗文化又可以分为京剧、花灯、踩高跷、舞龙、舞狮等。在偌大的人文环境中，以山西的平遥古城为典例，它几乎保留了完整的城池和城中各大建筑物，使得整座城市成为特殊的人文景观，其遗存的场地景观被联合

图4-1　武隆自然景观

国教科文组织指定为"世界历史文化遗迹"（图4-2）。

二、地域调研

景观设计是一种可创性的活动，它取决于设计师对场地的一种把控。其设计方案不仅要使使用对象满意，还要对该地的环境保护和未来发展进行综合考虑。最终结果的呈现就与设计师的策划、组织，以及客观条件等因素影响相关。如场地下的自然环境、人文要素和材料工艺等，这些举足轻重的外因都会直接影响着效果本身。因此要求设计师在景观设计的过程中，充分发挥主观能动性和创造性，对现有的因素进行综合考虑，统筹协调解决问题。

基地考察是辅助设计师解决各类问题的重要以及必要的工作之一。其考察内容包括对该地的自然环境，如地形、气候、水系等；人文环境，如器物形态、传统节日、民俗文化等。这种考察区别于科学研究，不需要宏观庞大地去收集信息，这会使设计本身更加烦琐。利用现场调查可以帮助我们发现亟待解决的问题，并提出相对合理且可实施的解决办法。但是调查只是一个辅助，并不能代替我们设计思维，不能直接拿考察结果对场地进行设计定位和方案实施，也不能在考察中面面俱到，要有针对性地去考量，有的放矢。

图4-2　山西平遥古城

第二节

场地分析与规划方法

一、场地分析

在景观设计中，场地分析是最为重要的一点，它是影响所有设计思路客观存在的条件。我们要在设计前针对场地进行全方位的勘测分析，从而得出项目特征，再在这基础上通过削减、改变、完善等手段，来凸显场地重点。对此，可从以下五点进行分析。

（一）对场地的区位分析

对场地的区位分析是将场地放在其周边的区域关系中进行定位分析，主要着眼于两点。一是周边交通关系，例如，人行车行出入口、停车场、高速路等；二是项目定位关系，通过分析周边的用地性质，列出与之相关的项目的部分和服务面积，进而确定本项目的服务对象和服务规模，为下一步的设计构想找到依据，如石笋山碗厂的基地分析（图4-3）。

（二）对场地的社会人文分析

所谓的社会人文，必然是人对社会的一种产物，包括器物形态、传统节日、民俗文化、历史信息和场地的生产模式等，这些都有利于我们在下一步的设计中把握场地的人文特质（图4-4）。

（三）对场地的地形地貌分析

对于景观设计而言，地形的变化可塑性强，是一个有利的因素，要重点把握。在有可能的情况下做出场地坡度分析（找出适合的建筑用地，减少对自然的人为破坏）和场地坡向分析（阳坡和阴坡）。

（四）对场地的生物物种分析

场地的生态物种是维持场地生态平衡的重要因素，如场地的特有动植物、地质水系的生态群落等。对其需持有保护、恢复的观点，在设计中应重点体现。

（五）对场地的地质水文分析

场地的水文特征也是分析中的一个重点考虑因素，不同的地质条件，决定了水文的不同。因此，不同的水文也影响着设计的思路与规划。

二、场地分析的方法

（一）资料的收集

1. 既有资料的收集

根据已知的项目大纲收集自然和人文要素，重点收集把控人力难以改变的客观条件，如气候、土壤、光照、水体等，因为这些条件可能会直接影响项目的最终结果。

2. 现场踏勘与测量

设计团队必须到现场去进行踏勘和测量。只有通过自身的主观感受，才能充分地

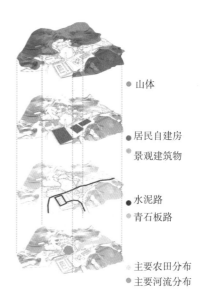

基地分析

山顶发展空间不足
受地形和国有林地红线影响，山顶场地建设条件有限，且用地指标供给不足

资源分布较散，空间联系不紧密
云雾坪、农业产业园区、碗厂三大板块分布较散，目前缺乏空间有效联动

外部交通：畅通不畅达
从永川、江津至景区道路等级不高，穿场镇而过，车程时间较长

原始山地

建筑分析

道路分析

地貌分析

山体

居民自建房
景观建筑物

水泥路
青石板路

主要农田分布
主要河流分布

图4-3　石笋山碗厂基地分析图

隋唐	唐代	北宋	当代
石笋山下的永安村是隋唐时期星象大师袁天罡的故乡	公园897年，唐代道士赵归真曾两度来拜谒仙宗，在石壁留下"仙源"二字	北宋乾德四年铁拐李在石笋山邀请汉钟离、张果老、韩湘子、蓝采和、吕洞宾、何仙姑、曹国舅等到石笋山聚会	2012年，石笋山风景区正式被文化和旅游部批准为国家AAA（3A）级风景名胜区

| 云雾坪古寨遗址历经战乱和时间洗礼，只有扼守雄关隘口的南天门、人和门等古寨雄姿犹存，颓恒断臂的寨墙隐约可见 | 铁拐李登仙坐化台铁拐李坐化台、饿殍石等景点；石笋山聚会始有八仙之说 | 动人情山传说玉秀英与钟林奇以身化石石笋山，鹊桥相会、一见钟情、永结同心、海誓山盟、爱情之路——二十四道拐 | 地方民俗风物老碗厂、茶马文化、永川九大碗…… | 古寺庙宇三教寺、观音殿、弥陀寺、天堂寺、老君庙、玉皇殿等 |

图4-4 石笋山碗厂人文要素分析

了解该地的具体真实状况，进而才能更好地把控场地与周边环境的关系。勘测的项目具体包括以下几方面。

（1）视觉综合质量。如记录基地和周边的环境视线、视敏文化和特点等。

（2）基本测量工具及规范。比例尺、指北针、风玫瑰（风向、风速统计图）、测量日期、测量精度要求。

（3）基本测量要求。场地边界范围、坐标、高程变化（等高线）、场地面积、交通路径等。

（4）自然条件。地形、植被、水源、土壤、河流、池沼、湿地、盆地、高台、林地轮廓、一定胸径以上的树木位置等。

（5）气候气象条件。日照、气温、降水、季节变化、特殊气候、自然灾害及其频率等。

（6）人工条件。街道名称及位置、车道、步道、街道中线、边界、高程排水；建筑物（名称、功能、围墙、范围、层数、高度等）；构筑物（桥梁码头等）；市政工程设施、管线、给水、排污、电力高压线位置和走向等。

（7）人类活动。历史演变、文化特色、风俗传统、生活方式等。

（二）资料的分析

1.图示二元关系法

在收集完资料后，面对的就是杂乱无章的各种问题，这会影响设计的思路和进度。这时候，我们就需要采用"图示二元关系法"。这种方法通过把收集到的资料当作一个多元性质的整体，借助框图、区块图、矩阵和网络关系等方法来解决相互之间的关系，找出其中的平衡点。

图示作为一种表示工具，改变问题的描述方式，往往是创造性的启发式解决问题的手段。它提供的是一种直观、清晰表达已知信息的方式。有时就像小学应用题中的线段图，能使我们用语言描述时未显示的或不易观察到的特征、关系，直观地呈现在我们面前，并帮助我们分析和思考问题，以此激发我们的灵感（图4-5）。

2. "千层饼叠加模式"分析方法

"千层饼叠加模式"是麦克哈格在《设计结合自然》一书中提出的概念，它以评价因子进行评价分级从而叠加生成为核心的分析方法。由于当时技术手段的限制，麦克哈格使用了一种创造性的灰阶图像来表达每个因子的三个等级，从而对不同因子进行叠加求得最终用地的适宜性，俗称为"灰调子

法"。这种方法有利于清晰地分析复杂的环境问题，客观地综合评价土地的环境问题（图4-6）。

3. 地理信息系统分析法

地理信息系统（Geographic Information System，GIS）具有很强的空间信息分析功能，这也是其区别于计算机地图制图系统的显著特征之一。地理信息系统是利用空间信息分析技术，即从空间数据中获取有关地理对象的空间位置、分布、形态、形成和演变等信息，通过对原始数据模型的观察和实验，解决人们所涉及的地理空间的实际问题，根据提取和传输地理空间信息，以辅助决策（图4-7）。

三、场地规划

场地的规划是对建设项目诸多内容的总体安排与统筹，是基于上述资料、分析和归纳基础之上的。场地规划应充分考虑其使用

图4-5 利用图示二元关系法示范

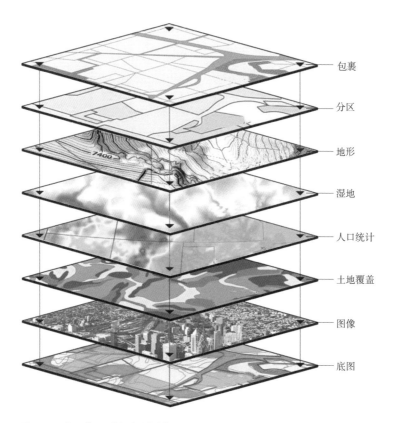

图4-6　利用"千层饼叠加模式"分析法示范

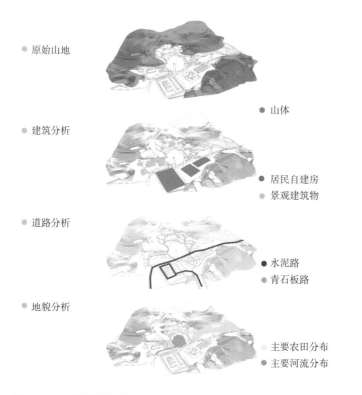

图4-7　GIS景观分析示范

功能和要求、建设地区的自然与人工环境以及经济技术的合理性因素，对场地的功能分区、交通流线、建筑组合、绿化与环境设施布置，以及环境保护做出合理的安排，使之成为统一有机整体。最终阶段性成品是由设计人员利用材料、形式、专业符号等要素呈现出能给使用者带来某种可预见体验、感受的实物（以万银村场地规划为例，图4-8）。

图4-8　万银村场地规划与节点布局

第三节

乡村人居环境的设计原则

乡村人居环境集感官、感受和艺术于一体，是平衡了自然人文和艺术设计的产物。其设计并不是绝对地推翻现有的乡村现状，也不是将城市化的模式引入乡村，而是要针对乡村传统文化、人文精神和社会发展进行长远规划。要本着以人为本、生态优先、因地制宜、实用经济美观和设计引领的共同原则，加强对于乡村的整体布局设计，改善村民的居住环境，渐渐地改变村民的生活方式，从而真正体现出美丽乡村的魅力（图4-9）。

一、以人为本原则

村民是乡村建设主体，也是受益主体。

乡村人居环境的设计要符合村民需要，适应村民的生产与生活要求，这样乡村才能获得生命力。站在村民的角度去考量乡村人居环境的设计，首先，要对村民居住模式和居住心理有深刻的探究。其次，要在这基础上对所处区域进行价值分析，了解当地的历史文化，通过合理的规划和资源调配，塑造村落的地域特色。最后，要从村民的实际需求出发，解决村民当下抛出的问题，以细致、质朴、人性化的设计，营造舒适、和谐、有亲和力的乡土意境，增强村民对村落的认同感和归属感（图4-10）。

图4-9 石笋山游客中心改造

图4-10 石笋山碗厂

二、生态优先原则

自然生态是孕育乡村的摇篮，它与乡村聚落有着密不可分的联系。基于可持续发展战略的背景下，乡村的人居环境设计通常都需要将生态优先作为首要目的，具体而言就是生态规律优先、生态资本优先和生态效益优先三大基本要求。乡村的改造不是以掠夺和征服自然为目标，而是以实现人类与自然的和谐相处、协调发展为目标。这就意味着设计需要充分尊重物种的多样性，减少对自然资源的不合理剥夺，保持自然营养与水循环系统稳定，维持动植物的生存环境。将人从自然的主宰变为自然的伙伴，由征服、掠夺自然转为保护自然、建设生态环境，最终实现人与自然的和谐、全面发展（图4-11）。

三、因地制宜原则

中国乡村自然环境和人文环境的多样性，决定了在设计和营建乡土人居环境的过程中必须遵循因地制宜的原则。因此，乡村差异的客观存在，也决定解决问题的重点、规划思路和方法的必然不同。在乡村人

居环境的设计中必须充分结合设计对象的生态环境、历史文化遗产、经济发展模式和居民生活方式，因地制宜、量体裁衣，制定富有针对性的策略，明确保护与发展的重点，避免一刀切和简单照搬而造成千篇一律的现象。只有将其有机结合，村落才能保有明确的地域特征和可识别度，从而达到乡土景观与村落居民和谐共存的目的。

四、实用经济美观原则

乡村人居环境空间是由物质要素限定而成，需要通过人的感知和作用来认识它的存在。在物质水平提高的推动下，乡村设计提倡采用实用、经济、美观的原则就显得格外重要。

（一）实用性

即所做的乡村设计要为使用者提供必要的便利条件，满足各种使用功能的要求，使村民在该空间里的生产生活变得更加便利、舒适。

（二）经济性

乡村设计质量的优劣并不一定与经济成正比，即并非材料越高档，装修效果就越理想。一个好的乡村设计往往是采用最恰当的材料，如本土材质、自然景观原料等，花费最低的成本，创造出最为出色的设计，让资金发挥最大的环境效应。

（三）美观性

爱美是人的天性，创造一个怡人的人居环境，是设计者和使用者的共同目标，乡村设计要利用外在的包装，呈现内在的美感，

图4-11　吐祥镇石笋山葡萄小镇

使乡村环境更富有民族性、地域性、传统性等艺术特色（图4-12）。

五、设计引领原则

设计引领是针对乡村未来发展提出的重要营建原则，其原则包括两个方面的内容：其一是站在乡村长远发展的大基础上，描绘好战略蓝图，强化规划引领，科学有序地推动乡村人居环境的发展。其二是针对乡村建设对村民的引领作用。村民对当地的自然环境、人文背景、个人需求都有着深刻的了解和基本诉求，同时他们也希望自己的后代能在故土的根基下有着更好的发展。这就要求设计突出特色、明确时序、适当超前。通过引领使村民参与到乡村营建中，逐步提高村民的审美认知，提升村民保护历史文化遗产的责任感，加强村民对人居环境营造相关知识的理解，促使村民对乡村人居环境建设与维护的积极性，使村落环境在使用过程中得到保护和延续，让其有更深、更远的发展（图4-13）。

图4-12　开江县回龙镇

图4-13　永川宝峰镇留守儿童活动中心

第四节

乡村人居环境的设计步骤

完成乡村景观建设工程的基础在于进行科学有序的项目实施方案设计，不同的乡村拥有不同的基础和条件，所以要因地制宜，对不同的乡村合理设计针对性的设计方案和操作方法。乡村景观设计项目实施的基本流程与内容可分为四个部分，分别为项目策划、项目任务、项目设计和项目监制。

一、项目策划

项目策划是规划单位和设计单位的规划设计方案，要明确方案任务、要求和目标。

项目策划的首要任务是在村镇规划和乡村人居环境发展建设目标任务的基础之上建立具体的项目实施方案。以乡村发展中需要重点解决的问题和村民意愿为基准，进行深入的实地考察，并在此基础上讨论如何发掘、利用、保护乡村自然与人文相结合的特色资源，从而制定可实施的、接地气的与创新的乡村人居环境发展的设计目标。结合乡村所具有的区域资源环境和产业发展基础，构建地域文化、生态环境等基础条件，以此明确乡村总体定位、发展路径一体化的景观体系。

项目的设计定位需要结合村庄、生态、文化景观、产业等多重因素，保护当地生态环境，传承优秀历史文化，提高乡村人居环境条件，推动乡村整体可持续发展。还要注意针对不同地域的特点，提出不同的发展路径和发展目标，运用可持续发展和有机更新的理念，做到以村庄发展为核心，以提升居民生活质量为目的，努力推动乡村人居环境的建设发展（图4-14）。

二、项目任务

项目任务一般以《任务书》的文本形式呈现，主要作用是用作招标文件编制提供给设计单位，明确设计的任务要求。可委托工程咨询单位或由建设单位主管部门组织专业人员对项目设计任务书进行编制。《任务书》对项目决策的工作要点起到决策性作用，是指导设计师开展项目设计的重要依据，也是建设单位阐述开发建设目标以及规范化设计工作方向获取信息的主要传递手段。

项目任务书主要包括以下内容。

（1）提供项目设计的依据和目的，要求方案设计内容应满足上位规划和相关专业规范的要求，以及政府部门的有关规定和管理要求，特别要明确具体文件的名称以及相关信息。

（2）明确项目名称、建设地点、项目概述、项目设计的内容、设计标准、总投资和工期，以及对方案设计提出明确的设计目标、预期效果等要求。

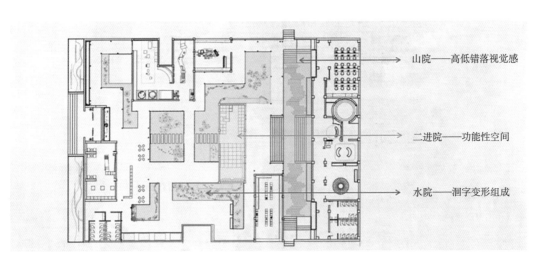

山院——高低错落视觉感

二进院——功能性空间

水院——洄字变形组成

图4-14 项目定位草图

（3）设计项目的用地情况，包括建设用地范围的地形、场地内原有建筑物、构筑物，要求保留树木及文物古迹的拆除和保留情况等，还应说明场地周围的道路及建筑等周边的环境情况。

（4）工程所在地区的气象、地理条件，建设场地的工程地质条件；场地水、电、气等能源供应情况，公共设施和交通运输条件，以及用地、环保、卫生、消防、人防、抗震等要求和依据资料等。

（5）通过文字和图纸的方式为设计单位提供方案设计的内外条件，以及有关规定和必要的设计参数，主要包括场地的CAD地形图、改造建筑的CAD图等基础性图纸资料。

（6）设计成果应充分考虑未来项目建成后的管理需求，如建材选择及构造设计应便于维修的要求，以及现代智能化管理便利性的要求等。

（7）鼓励设计单位在满足设计要求的前提下，发挥能动性，力争做到设计创新、技术创新，赋予方案较高的文化价值和技术含量，提升建设项目的附加值等适当超前的设计要求。

（8）设计对未来可持续发展可能引起建设调整的预先考虑，以及建设项目分期开发建设的远期要求等。

三、项目设计

项目分类需要根据上位规划的系统性的建设要求开展，以此完成各个项目设计任务书的拟定，还需要明确设计要求、设计任务以及设计目标中的具体内容与细节问题。最后明确设计委托或设计招标的纲领。

（一）乡村景观项目设计

乡村景观项目设计通常会涉及以下10个方面：

1. 乡村视觉传达系统设计

以梁平渔村的视觉传达系统为例（图4-15），该设计提取了当地渔村自然资源优势，将渔元素转化为符合大众审美的图案和符号，融入现代视觉传达设计之中，以凸显当地的渔村特色，增加其设计语汇，利用周边产品提升当地商业价值。

2. 乡村环境中的公共设施系统设计

乡村公共设施系统作为乡村公共空间的重要组成部分，是村民活动的必要设施场

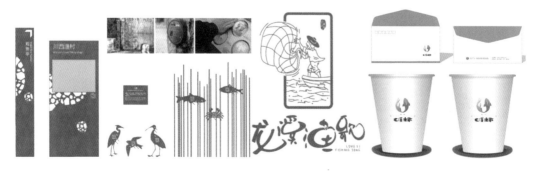

图4-15　重庆梁平渔村周边设计

所，也是乡村公共空间网络系统宣传中不可或缺的一部分。在石笋山葡萄小镇的公共设施设计中（图4-16），结合当地乱石与房屋特色，用颜色和形状来凸显当地的自然环境，使其具备地域性和美观性。

3. 乡村入口景观环境提升与改造设计

乡村入口景观作为连通村落内外部空间的重要交通节点与景观节点，也是整个项目场地的形象、门面担当。石笋山葡萄小镇（图4-17）在进行入口形象的打造时，考虑到场地坐落于大山盆地中，四周高山绵延，

房屋紧凑，山体碎石较多。设计师从中提炼出葡萄、山川、房屋、碎石等具有象征意义的元素或符号，融入导视牌的设计中，使整个入口形象更立体且富有层次，从而成为整个项目的特色地标。

4. 乡村文化礼堂与游客中心环境设计

文化礼堂与游客中心作为村民重要的公共交流空间，是维护村民情感交流的纽带和传播传统文化的依托。石笋河游客中心（图4-18）依托于该地的发展历史与现状，强调容纳人数与场所功能，并融入本

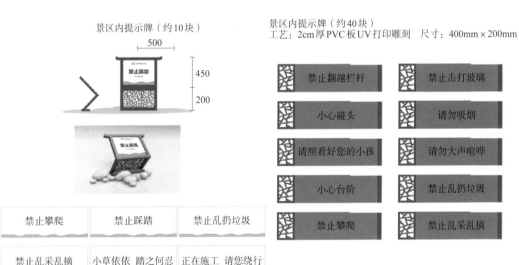

景区内提示牌（约10块）

景区内提示牌（约40块）
工艺：2cm厚PVC板UV打印雕刻　尺寸：400mm×200mm

禁止翻越栏杆	禁止击打玻璃
小心碰头	请勿吸烟
请照看好您的小孩	请勿大声喧哗
小心台阶	禁止乱扔垃圾
禁止攀爬	禁止乱采乱摘

| 禁止攀爬 | 禁止踩踏 | 禁止乱扔垃圾 |
| 禁止乱采乱摘 | 小草依依 踏之何忍 | 正在施工 请您绕行 |

部分物料设计

名称：分类垃圾桶
尺寸：1200mm×800mm×450mm
数量：20个

名称：户外科室牌
尺寸：600mm×400mm×40mm
数量：4个

名称：户外长凳
尺寸：2000mm×400mm×350mm
数量：2个

图4-16　奉节吐祥镇葡萄小镇公共设施设计

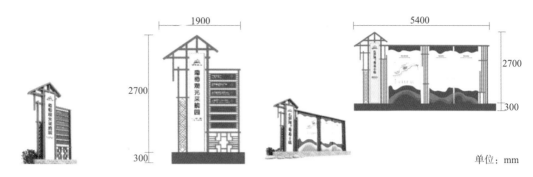

单位：mm

图4-17　奉节吐祥镇葡萄小镇入口导视牌

图4-18　石笋河游客中心

土材料进行设计。屋顶及四周利用玻璃开窗，加大光照面积，从而使内部空间更加开阔、明亮。

5. 乡村植物景观系统设计

乡村振兴蓬勃开展的今天，越来越多的人意识到乡村的生态价值，愿意到农庄和乡村去休闲观光、旅游度假，乃至养生养老。因此在乡村旅游的产业版图中，植物景观系统逐渐占据高位。武隆归原小镇民宿周边的植被（图4-19）在设计过程中充分调动游客的"色、声、香、味、触"五感，利用植被的颜色、造型、气味、形态的不同搭配组合，营造出适合休养生息、愉悦身心的植物

景观环境。

6. 乡村水景观系统设计

乡村中小河流、沟塘等水系景观较多，在乡村建设过程中，由于缺少村庄整体规划以及必要的管理措施，导致河流功能逐渐退化或丧失，造成河流景观严重受损，梁平渔村（图4-20）正是存在此现象。设计师在当地对其进行河流水系的梳理后，整合周边的水景观，结合当地的特色"渔"文化，利用奇特的"鱼纹"拼砖，加上不同形态的景观平台，将该地开发成具有氛围感的休闲度假村，从而凸显出当地村落特色，进一步为村民和游客提供安全、舒

图4-19　武隆归原小镇民宿植被

图4-20　梁平渔村环境改造

适的亲水环境。

7. 乡村街巷道路与照明系统景观设计

荆竹村的照明系统（图4-21）与当地的荆竹文化进行有效结合，通过合理应用乡村已有的荆竹资源，借鉴其形式加以修饰调

图4-21　荆竹村灯光设计

整，从而提高照明系统的美观性，为该地打造一个具有特色的景观亮点。

8. 乡村公共活动场所景观设计

重庆市荣昌区直升镇道观村的公共空间设计（图4-22）结合该地现有材质，利用编制搭建的手工艺，为村民营造日常生活交往、活动、娱乐、休闲等诸多活动的空间载体。其空间具备较好的耐久性、安全性和环保性，同时在一定程度上赋予了空间的地域性、文化性和功能性。

9. 乡村历史建筑风貌保护与再利用设计

乡村传统建筑是村落文化、风貌的重要载体，不仅要做好对乡村传统建筑的保护工作，还要因地制宜地合理改造传统建筑。石笋山游客中心的改造（图4-23）以"因地制宜、因势利导、因地而生"为原则，保持原貌特征，借助山地的特色及本土文化，强调环保意识，在保留和修复原有建筑的基础上，加以修饰调整，使建筑回归自然，还璞归真。从而为乡村注入新的活力，使乡村传统建筑能够一直焕发光彩，凸显它的价值。

10. 乡村建筑与院落更新设计

乡村的建筑保留了历史风貌和地域特色。优秀的乡村建设，并非简单的城市模式复制，只有根植本土，才能唤醒乡村内在的生命力。在石笋山游客中心改造过程中，充分考虑了乡村环境特色，利用好当地一草一木一树，一石一砖一瓦，做到造景自然化，景观本土化，使其达到宜景宜人宜心的效果。

（二）乡村人居环境设计工作

乡村人居环境具体建设项目中的设计工作一般分为方案设计和施工图设计两类。

图4-22　重庆市荣昌区直升镇道观村公共空间设计

图4-23　石笋山游客中心改造

1. 方案设计

方案设计是设计中的重要阶段，其设计成果包括方案成果文件和扩初设计成果文件两部分，方案设计是由设计单位依照设计任务书和设计招标文件要求来完成的设计成果。方案设计的成果文件涵盖分析图、平面图、立面图、透视图、效果图、设计意向图、设计说明等内容，通常采用PPT汇报和图版展示的方式介绍设计方案成果，开展方案汇报会。同时，设计单位将根据建设单位提出的建设性意见和建议，对设计方案开展进一步的完善。方案设计中的扩初设计成果文件包括含有材料、工艺、标注尺寸等具体设计要求的总平面图、立面图、剖面图、功能分区图、道路交通与铺装图、植物配置图、单体平面图、节点大样图等，是深化施工图设计阶段的设计依据。

2. 施工图设计

施工图需按照设计单位确定的方案设计成果进一步深化，包括标注有具体的构造尺寸、工艺、材料的建筑或景观施工详图、定位图、竖向设计图、节点构造图等，还需配套专业的结构工程图、配电工程图、给水排水工程图、植物配置详图等，不同专业的施工设计图将满足不同的工程预算，指导工程建设施工。

乡村人居环境建设中的方案和施工图是设计工作中的两大阶段性工作，可由多家设计单位共同完成，依据设计项目的不同进行灵活变通（图4-24～图4-26）。

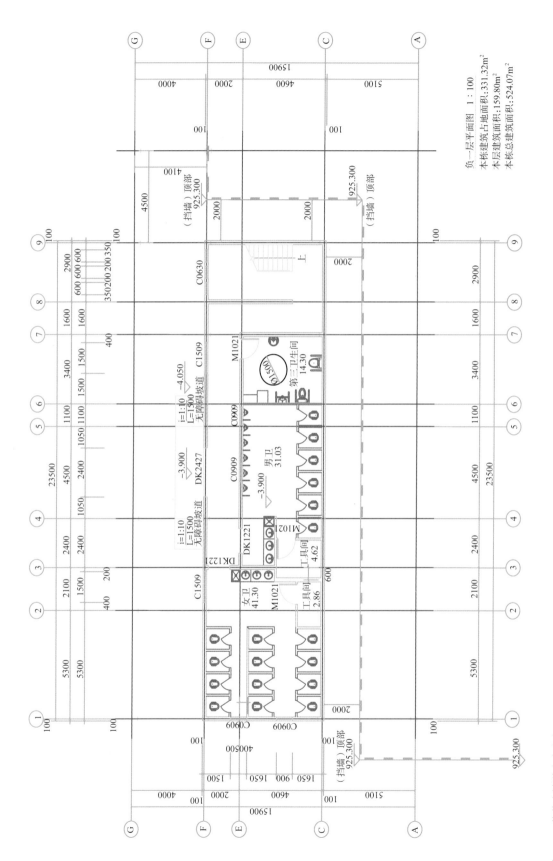

图4-24　葡萄小镇游客中心负一层平面图展示

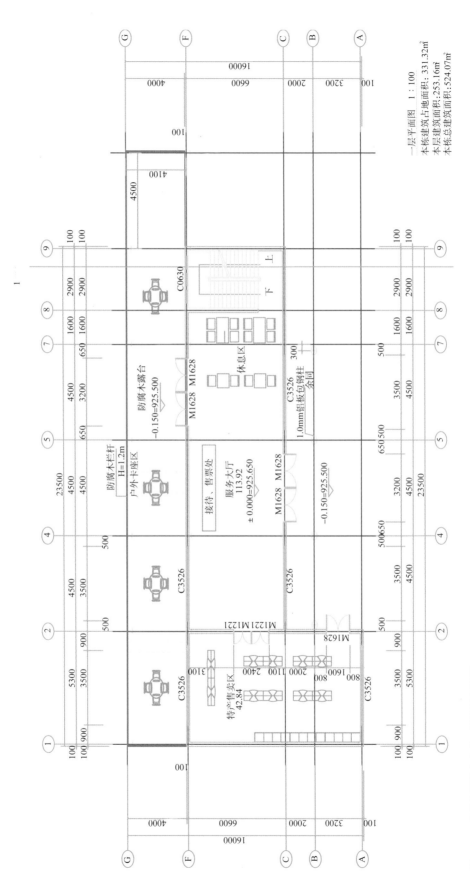

图4-25 葡萄小镇游客中心一层平面图展示

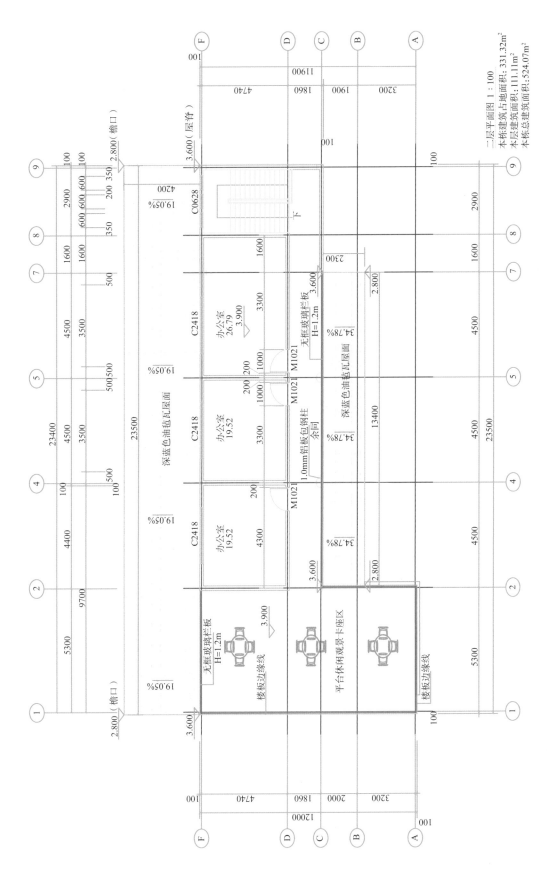

图4-26　葡萄小镇游客客中心二层平面图展示

四、项目监制

项目监制即对现场或者特定工作环节和过程进行监管，从而达到预设目标。项目监制的内容主要包括设计指导和建设监理两方面工作。

（一）设计指导

设计管理是项目管理的重要组成部分之一。项目管理中建设项目设计管理始终贯穿于其全过程，对整个建设项目的最终完成和项目的整体程度起着不可替代的作用，对于项目的开发和建设具有指导作用，是工程设计的关键环节。建设项目的主要环节就是在项目设计的各个阶段实施目标控制。

设计指导是由设计师从参与到完成对建设项目效果的过程指导。设计师通常会在材料、色彩、质感、工艺和完成效果等多方面给予设计单位专业性的意见，并进行严格把控，还需要解决施工建设过程中许多无法预料和表述的现场问题。

设计是工程项目的灵魂，设计质量与项目质量呈现直接相关的关系，设计方案的确定，工艺路线的选择、设备的选择、工程材料的选择、设计产品的验证以及设计师的专业性都会影响工程设计的质量。因此，项目设计指导的责任非常重要。

（二）建设监理

建设监理一般由监理公司承担相关工作与责任。监理公司是指具有法人资格，取得中华人民共和国住房和城乡建设部颁发的监理单位资质证书，主要从事工程建设监理工作的机构，其职责是依据事实，客观、及时、有效地提出建议和解决方案。

大多数时候，设计公司承担了部分建设项目管理工作，代表建设单位对施工单位进行监督的专业服务，主要是在工程施工安全质量控制、工程造价控制、施工进度控制以及工程合同管理和工程信息管理等方面，协调工程建设相关各方的关系，使建设项目能够安全、高效、顺利地实施并完成。

第五节

乡村人居环境的设计评价

一、环境影响的评价

环境影响的评价作为一项科学方法和技术手段，是用一种强制性和相对客观性的标准来衡量设计成果，验证环境影响评价结论的正确可靠性，这是依托于国家出台的相关政策要求来进行的评价。内容至少应包括以下几方面：

（1）必须具有一定的科学性，要融入自然，通过技术和艺术进行结合形成一整个环境体系，从而使结果更加准确合理。

（2）在没有评价环境品质和舒适性的定量指标前提下，通过技术与经济手段相结合的方式给予恰当评价。

（3）如果评价结果直接影响环境质量，相关法规文件中必须包含相关责任人的详尽解释，说明其产生的危害。

二、景观价值的评估

景观作为人类生产生活的环境基础，它是一种服务价值的体现，同时也是一种视觉上的感受，更是一种可利用资源。所以它的价值评估理所应当地包括美学价值和经济价值。

景观的美学价值体现在自然美和人文美。自然美包括形态、色彩、肌理以及造型、神韵等艺术性价值。人文美包括文化底蕴、历史遗址、传统建筑等，它受时代和观念意识形态的影响，更偏向于主观感受。

景观的经济价值是指景观的自然或者人文特色可以被利用开发，建成具有观赏性和体验性的场所，进而创造它的社会价值和经济价值。

三、使用者（村民/游客）的评述

村民作为场地的使用者，站在环境的实态特征上，对物质空间和环境要素进行评述，主要的出发点是站在利益的角度，看的是改造后的结果对自身利益是增加还是削减。而游客则站在体验角度，对旅游地的空间、环境、设施等方面进行评价。

思考与练习

1. 为何要进行场地景观特征调研？调研结果会影响设计的哪些方面？

2. 场地分析的方法有哪些？适用于哪些情况下的项目设计？

3. 乡村人居环境的基本设计原则是什么？

4. 乡村人居环境设计分几个步骤？每个步骤的工作内容和目标是什么？

第五章

乡村人居环境专项设计

第一节

乡村地形设计

一、乡村地形设计基本概念与特征

什么是乡村地形？村落中地表局部结构会呈现出高低起伏的各种不同的状态，这些状态被称为乡村地形（图5-1）。村庄建筑与街巷随地形变化，形成的势形态走向和地貌整体特征。乡村在形成过程中，先民们依据当地特有的自然资源条件，遵循人与自然环境和谐的文化理念，大多采取顺应地形地貌的方式建造出丰富多样、各具特色的乡村形态。在村落选址过程中，由于社会生产力有限，农耕生产和居住环境得不到满足，所以村民们往往会根据地形做出变化调整。地理环境是地域风貌形成的条件，地形地貌是决定乡村空间形态、生活质量的一个重要影响因素。随着生产力水平的发展，人类对于环境的改造能力不断提高，为建立定居点提供了更多的可能性和更多选择。

二、乡村地形设计的原则

人们在改造环境的过程中，既要保护村落原有肌理，又要满足新时期乡村发展建设的新需求，因此要以可持续发展为前提，遵从以下两点原则。

（一）满足村落发展的需要最低限度改变地形地貌

随着时代的快速发展，村民们对生活水平的要求必然也就更高。那么，在改善村落环境、满足村民日常生产生活和村落发展需要的前提下，合理利用自然条件格外重要，

图5-1　乡村风貌

我们要遵循最低限度的改造原则，避免因暴力拆建导致当地地形地貌遭到破坏。继承村庄的历史脉络，延续原有空间肌理，对地形地貌进行适度的改变才是我们应该做的。

（二）通过设计强化原有地形地貌给人带来的心理感受

面对不同的地形地貌，人们的心理也会产生一些别样的情绪，平缓的地面给人一种踏实、安定的感觉，而连绵起伏的地形通常会让人感受到害怕、忐忑、紧张的情绪。在改造的过程中，我们还可以考虑通过景观设计来强化原有地貌，以展现乡土地形特色。例如，对高于地面的部分通过培土增高和种植高大乔木来强调其凸起的效果。对低于地表凹陷的部分通过挖土、种植低矮灌木来缓和其走势，增强平缓的效果。对建筑空间布置、交通空间组织合理地结合地形竖向设计，因地制宜、随形就势，以自然地形为骨架，适当改造，在突出风貌的同时减少土方工程量和对生态的破坏。对不同功能区域可结合原有地形的变化进行有序梳理，一些不同高差的地块内部边界可以以不同形式的挡土墙的方式加以强化，既能够增加空间美感，还有利于场地水土与形态风貌的保持。

三、乡村地形设计的内容与方法

地球内外的引力作用对地球表层产生影响，制造了地表千姿百态的自然界形态，形成丰富的地形地貌。我国幅员辽阔，按照地形地貌的特点，乡村选址和建设主要涉及平原地区、丘陵山区和水网滨水地区等，因此，可大致划分为三种地形进行分析。

（一）平原地区村落地形设计

通常海拔在200米以下的地形被称为平原，其特点是等高线稀疏，地势平缓，沉积物深厚（图5-2）。平原地区村庄主要坐落于相对平坦的自然环境中，地面开阔起伏较小，在一些地势低平地区，河网纵横，村庄形态更加丰富多变。平原地区乡村的地形设计具有较大的可控性，合理安排建筑、院落与街巷的有机组合，形成由街巷构成多样化的村落空间形态布局，以满足现代村民的生产和生活需求。

平原地区村庄地形设计主要通过平面布置，重点从合理安排不同用地性质的空间布

图5-2　平原村落鸟瞰

局角度，有效满足生产、生活用地的功能需求。从保护生态、传承文化、方便生产、丰富生活、美化环境等角度进行村庄优化与改良设计，充分结合新功能与原有地形地貌、道路街巷、院落建筑、植物水体等乡村元素的和谐关系，形成丰富多变的村庄空间形态脉络，为村民提供多样化的生产、居住与活动空间。

（二）丘陵山区村落地形设计

丘陵是陆地上起伏和缓、连绵不断的低矮山丘，海拔500米以下，相对高度小于100米。丘陵的等高线较为和缓，由连绵不断的低矮山丘组成地面崎岖不平、坡度较缓的地形（图5-3）。山地是指海拔500米以上的高地，相对高度大于100米，等高线密集。山地起伏较大，坡度陡峻，沟谷幽深，形成高差相对悬殊的地形地貌。丘陵山区村落的主要特征是村庄坐落于高低错落的山丘环境中，地貌类型复杂多样，境内山峦起伏、沟壑纵横交错，形成不同高差变化的村落地形。

丘陵山区村落的地形设计重点是要处理好地形高差，通过等高线的平行布局、垂直布局以及组合布局优化和改善高差变化给乡村生产生活带来的不利影响。重新梳理与定位功能空间的大小、前后、高低，通过合理布局和有效组织，实现村庄使用空间与地形特色形态的有机融合，建设满足山区村民生产和生活需求的现代山区环境。平行于等高线的布局设计将建筑和道路沿等高线变化方向排开，与山势紧密呼应，形成多变的曲线布局形态；垂直于等高线的布局设计将建筑和道路跨越等高线，随坡就势，采用叠加式布局方式，追求村庄形态的竖向高差变化，形成多变、多层次的村庄空间布局形态。丘陵山区村庄地形设计要遵循保护自然环境、减灾防灾、减少工程土方量、节约建设成本等原则，一般不改变原有地形地貌，避免由此引发自然灾害和次生灾害。

（三）水岸、水乡村落地形设计

水岸村落主要是依附在江河湖海边的滨水渔村，位于水岸线上，多依山傍水、腹地狭小、靠山面水，居高临下，视野开阔（图5-4）。村庄的建筑、石路、沙滩、怪石和树木花草，构成水岸村落独特的地形地貌特点。

图5-3　丘陵山麓地形

图5-4　水岸、水乡村落

以江南地区为代表的水乡村落，由温暖的环境、低平的地势、充沛的降水等自然环境条件造就了平原、江河、湖泊、星罗棋布的水网等多种水体类型。水乡地形比较平坦，地表河流多，水网稠密，水路交错纵横，植被四季常绿，形成小桥、流水、人家的景色。水乡居民的生产生活依赖水，这种自然的环境和功能的需要，塑造了极富韵味的江南水乡民居的风貌与特色。

传统水乡以水道为轴心，两侧建造高低大小建筑，形成主流和支流交错的水系空间与街巷空间，融合出独特的复合空间形态，形成有河无街、一河一街和一河双街的水路与陆路结合的水乡村落空间。水乡聚落以散点与簇群状沿河道分布，形成以河为主轴，分布连接着建筑、街巷、院落、廊桥等元素的空间结构形态。通过水道宽度、街巷宽度、建筑密度等体现丰富的空间形态特征。

水网系统岸边的村庄地形设计要充分结合水系的自然条件，进行有序梳理与打造满足现代村民生产和生活需要的空间环境。有效处理好水与生态、水与建筑、水与道路、水与绿化、水与产业和水与人活动之间的形态与空间关系，发挥滨水的特色与优势。运用景观生态学的研究体系将自然资源与人工建设相结合，使水网的形态、走向、密度适合当代乡村生产和生活的需求。在优化与改造中要充分尊重自然规律，形成水乡与水岸村落的建设与发展，呈现宛自天开的乡村水景观形态。

水岸、水乡村落的地形设计，一般不适宜进行大规模的改建，需慎重地实施对原有场地空间、地形、植被的改造，以及对池塘、水渠、堤坝、河道、码头、大小桥梁等乡村滨水要素的处理。以保护原有生态平衡为主，遵循自然规律，呈现大自然最本质的景象。水是水乡和水岸村落环境的母体，因水而生，因水而发展，因水而具有独特的乡村形态。从满足生产和生活的需求出发，滨水乡村聚落优化与更新要始终秉承中国传统的天人合一的生态思想，因地制宜，崇尚自然之形。努力坚持保护性开发，合理利用土地资源，使自然景观和人文景观达到更加和谐的状态。

第二节

乡村铺装设计

一、乡村铺装设计基本概念与特征

乡村铺装是指使用天然或人造硬质路面材料铺设村内路面。现代乡村道路分为满足车行和步行功能的道路。车行道路面主要是水泥路面和沥青路面；人行道主要为石板路、卵石路、碎石路、沙土路和彩砖路（图5-5）。乡村道路铺装是基本建设项目，必须按照相关工程建设要求进行建设和管理。

对于乡村道路的铺装，要根据乡村地理位置的气候条件选择合适的铺装材料（图5-6）。混凝土路面通常称为水泥路面，具有强度高、稳定性好、耐久性高、维护成本低等特点，但接缝多，维护维修困难。

沥青路面的特点是表面光滑无接缝、行车振动小、维修保养方便等，但沥青材料具有冬季易破裂，夏季易软化的缺点。目前，这两种铺装方式在乡村道路上被普遍采用，乡村人行道的传统铺装方式多为石材铺路。可依据当地资源就地取材，如青石板、鹅卵石、片石和碎石等材料都拥有各种大小和厚度的石头，是乡村传统的铺路材料，既耐用又质朴。

二、乡村铺装设计的原则

在现代乡村更新建设中，车行道和人行道的疏通和修复是乡村建设的重要组成部分。旧路修缮、新路建设是促进农村建设发展的重要任务。道路铺装的景观效果和工程

图5-5 碎石块路（左）与石块路（右）

图5-6 木制观景平台

质量直接反映了乡村建设的质量水平和品质的高低。道路建设作为公共基础设施建设也是村民关注的重要项目。高标准的铺装设计和工程应遵循以下原则。

1.遵循绿色设计理念,强调保护自然生态,充分利用当地资源

铺装设计和材料选择以节约资源和保护环境为目标,强调绿色生态和可持续发展的理念。在选择材料时,考虑到资源的合理利用和处置,尽可能使用天然材料。按照"因地制宜、就地取材"的方针(图5-7),节约能源资源,最大限度地利用当地容易获得的建筑材料铺设道路街巷,以减少物资运输所需的能源消耗。

2.关注乡村文化传承,保护传统街巷风貌,注重地域特色打造

乡间道路伴随着村庄的发展,也见证了村庄成长的脚步。传统的街巷铺装可以反映村落的岁月与时光,是区域文化表现的物质载体。不同地区的村庄都有自己的传统铺路材料和技术,形成了独特的风格和道路景观(图5-8)。乡村铺装设计必须强调路面材料与形式的原真性和乡土性,并与当地景观有机结合,将村庄传统的地面铺装形式延续到现代街巷建设的系统之中,做到传统与现代的有机融合,有效传承乡村的传统风貌。

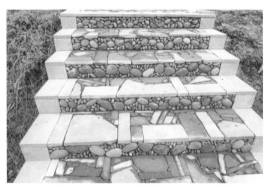

图5-7　就地取材路面改造

图5-8　保留原始乡村风貌进行升级

3. 强调乡村街巷不搞过度铺装，要与乡村景观风貌的整体性相平衡

村内大大小小的街巷串联起来，方便村民的生产生活。针对不同的街巷功能，乡村铺装可以运用不同的铺装材料和技术，使街道铺装与街道使用功能相匹配。对于街道和小巷的改造与更新，铺装强调与原始乡村环境的和谐，不宜使用复杂的装饰图形或昂贵的铺装材料进行过度铺装或与原有风格不符的装饰（图5-9）。铺装的经济性反映在当地可回收材料的选择上。废砖和瓦石材料一方面可以用来丰富外观和感觉，另一方面可以废物利用降低工程成本，两全其美。不仅主张因地制宜，平衡和保持街巷铺装与乡村整体风貌的一致性也很重要。

三、乡村铺装设计的内容与材料选用

铺装设计方案和施工质量对乡村景观的整体效果起着重要作用。

乡村铺装设计的工程流程及要点为：铺装位置和铺装主题的制订；铺装空间划分及铺装平面结构形状设计；铺装材料的选择和铺设工艺方法的确定；施工组织的准备和项目的实施等。传统与现代的铺装风格丰富多样，所用材料多样，铺装方式灵活多变，体现了传统与现代乡村工匠的匠心与创意，形成了独特的乡村街道形象特征和乡村生活的文化品位（图5-10）。

铺装设计必须结合道路的具体功能进行铺装造型的创意构思和施工方法的选择。村庄街巷的一般铺装形式多简单朴素，不推荐复杂的铺装样式。设计时要注意花纹的造型感，还要注意与材质的合理搭配。通过控制铺装材料的材质、组合、尺度、体量、颜色、质感、图案、分割、韵律等，统一街道的功能和造型，体现街道与铺装的结合和兼容性（图5-11）。地面铺装是乡村街道景观的一部分，在不同的区域，需要使用有针对性的设计方案，以采用传统或现代的铺装材料进行施工。旧街巷改造应尽可能保持街巷的原有风格和样貌。石板路、泥泞的碎石路、乱石路都是乡村道路的典型形式，可以体现乡村街道和小巷的传统风格，适当保留和修复一些历史感路段有助于呈现乡村历史

图5-9　与原始环境相融合的铺装

图5-10　融合几何形状的铺装设计

图5-11　运用鹅卵石等材料营造的独特铺装

沧桑的感觉。

　　路面样式应与特定的路面铺装材料相结合，铺装材料可分为天然材料、合成材料和可回收利用材料。主要包括天然石材、木材、砂、黏土、鹅卵石、混凝土、金属、玻璃、陶瓷砖、瓦、塑胶、人造石材、竹质复合材料、塑木等。如今，石板和透水砖是常用铺装材料，还可配合碎石、碎砖、瓦片、卵石、防腐木、型木板、炉渣和钢片等废弃物（图5-12）。改变铺装材料可以进行空间划分和组织的界定。材料的选择取决于场地的能力，乡村铺装材料强调使用当地材料，鹅卵石、青石板、砌石和沙子是乡村建设中比较常见的铺装材料。部分休闲路段设有少

量木质路面，可丰富场地和路面体验。尤其是在亲水空间，道路和场地铺装可以通过使用适合户外使用的防腐木和塑木板铺装来增加多样性。

　　在乡村更新改造方面，一些地区使用新型现代绿色环保路面铺装材料，如透水砖。透水砖又称荷兰砖，是近年来户外建设中常用的一种新型材料。该类铺装材料采用水泥、砂、矿渣、粉煤灰等环保材料，制成整砖一次性被压缩并在高温下烧成，形成上下一致、均匀的砖，具有高强度、高质感、耐磨、不褪色、保持地面透水性、耐寒防滑等特点。这种新型铺装地砖外观光滑，棱角分明，线条简洁，造型多样，自然美观，易于

图5-12　与自然环境相融的步道和景墙

组合造型，并易于调整，使各种颜色、自然色和周围环境相协调。透水砖具有优异的透水性，防滑功能强，使用寿命长，维护成本低，更换方便，易于路面下的管线埋设。此外，透水砖表面无开裂或分层现象，耐磨性优良，挤压后无表面脱落，不易断裂，抗压强度和抗弯强度高，适用于高负荷环境。对于农村道路铺装工程，可根据道路车道设计和铺装的具体环境选用现代铺装材料，以体现时代性和现代性。

第三节

乡村构筑物设计

一、构筑物与建筑物的区别

构筑物是指体量较小的工程实体或附属设施，如廊架、花架、连廊等，构造简单，体量不会太大，多为木结构或简易钢结构，人们一般不直接在其内部进行生产和生活活动，主要起装饰作用。建筑物一般指体量比较大的空间和实体，如小区大门、景观亭、混凝土连廊等，多为混凝土、砖混、钢结构，有一定的功能作用，可供人们生活、娱乐等（图5-13）。

图5-13　入口景观构筑物设计

二、乡村构筑物的设计原则

（一）乡村构筑物的设立要点

1. 观光地连接线

一个景区通常由多个景点组成。各个景点从点对线，从线对面，使各个景点之间形成关联，这种连接通常被称为旅游景点连接线（图5-14）。因此，美丽乡村的建设取决于景观点的类型和大小，可利用花卉、树木等不同类型的植物景观街区，形成乡村的"线"和"面"景观。

2. 游客服务中心

游客服务中心一般位于景区入口，因其位置和功能特点，成为游客最集中的地方。游客一般从游客服务中心才正式进入景区（图5-15），因此，游客服务中心是旅游景点给游客留下第一印象、起到先发制人的作用的地方。

3. 旅游休息站

随着国内经济和人们生活水平的不断提高，中国旅游产业迎来了高潮。无论何种性质的休闲观光场所，都需要设置休息站

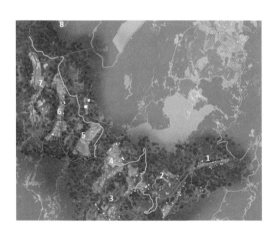

图5-14　景区景点区域连接线示例

图5-15　乡村化的居民广场

（图5-16）。休息站的主要功能是为人们提供临时休息的场所。休息站也有多种性质的设置，有简易的仅供歇脚的、有可提供如用餐、取水、如厕等服务的，还有可短暂停留的观景平台，不同的休息站可丰富游客的休息体验（图5-17）。

（二）乡村构筑物的运用原则

1. 吸引游客的原则

每一个乡村都有自己独特的吸引点，将这个吸引点放大，打造成独树一帜的乡村名片，以此才能更好地吸引游客。

2. 重视内涵原则

乡村构筑物的设立是为了创造和回顾历史，品味当地风俗，了解当地文化特色，理解文化背景，注重村庄的文化内涵才能让游客印象深刻。

三、乡村景观构筑物设计的内容

标志性建筑如景观小品、祠堂、牌坊等的建设，能够使人过目不忘。每个村庄都需要一个灵魂，标志性的景观构筑物能给游客留下深刻的印象和记忆，以此起到良好的传承作用。

景观构筑物主要包括楼梯、坡道、围墙、栅栏和公共休息设施等，它们的功能包括：强化景观空间的特色和价值、完善景观细节、为游客提供欢乐和休息的便利、空间设计的人性化。

（一）标识系统设计

游客标识系统主要包括全景指示牌、方向指示牌、风景名胜区指示牌、警示防护板等，这些必须按照景区的地方风格或主题进

图5-16　休息站

图5-17　观景平台

行设计（图5-18）。旅游标志的设计虽然属于整个旅游规划的细节，但会影响乡村旅游的风格和氛围。

乡村旅游中的各类标识牌多用木头、石头、麻绳等一些农村常见的物品作为原材料，这样设计出来的标识牌比较质朴、接地气，更加接近于大自然，更加富有生命力（图5-19）。

（二）灯具、垃圾箱

（1）灯具。这里的灯具主要指路灯。路灯不仅是夜间照明的设备，还是景观中的点缀物，因此，路灯的设计要做出符合当地乡村的特色。

（2）垃圾箱。乡村中的垃圾箱设计以水桶、铁锹、箩筐等农业生产生活用具为创意点，这种具有乡土气息的设计能更好地融入乡村景观中（图5-20）。

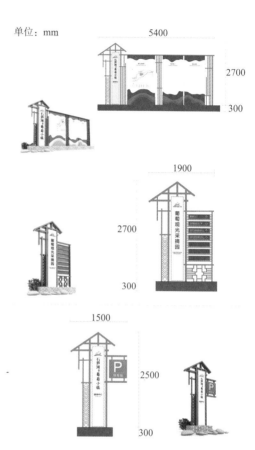

图5-19　乡村标识设计

图5-18　旅游标识设计

图5-20　具有乡村气息的垃圾箱

第四节

乡村植物景观设计

一、乡村植物景观设计基本概念与特征

（一）乡村植物景观的概念

乡村植物特指乡土植物，是长期生长或引种多年，能够适应当地自然生态环境，生长状况良好的植物。乡村植物景观是由乡村中不同种类的乔木、灌木、藤本及草本植物所共同构成的景观。乡村植物景观营造需结合周围环境，充分展示植物材料本身的形体、色彩、质感、气味等观赏价值，并发挥

吸碳吐氧、清新空气、降噪除尘、调温保湿、防风防沙、水土保持、调节改善微气候和美化环境等生态功能。作为乡村环境的有机组成部分，植物可形成功能适宜、形式优美、具有良好生态价值及一定经济价值的乡村植物景观。乡村植物景观与其他景观元素共同构成和谐、优美和富有乡村韵味的乡村景观环境（图5-21）。

（二）乡村植物景观的特征

乡村植物具有乡土性、自然性和经济性三大特性。植物是构成乡村景观风貌的基本

图5-21　重庆市酉阳县山景

要素之一，由于植物受到气候、水文、地形等自然因素的制约，乡村植物的种类和栽培方式呈现明显的地域性乡土特征。它们占据了乡村的大部分土地，除房前屋后植物景观有少量盆景式栽植外，多以自然散布式栽植，整体风貌仍以乡土植物景观为主（图5-22）。

乡土植物具有适应当地气候土壤的先天优势，即自然性，因此常能形成围绕母株同种植物集群自然分布的现象。乡村中的乔木、灌木多长成其成年树的自然树形，因此乡村植物景观充满着质朴、生机和野趣。

乡村植物景观除具有较高审美价值外，通常还具有较突出的经济价值。因此，乡村景观植物主要分为生产型与观赏型：生产型景观植物是指可食用植物，包括果树、蔬菜、瓜果、坚果、香草、香料和食用中草药等；观赏性景观植物包括乡土性的时令草本、灌木、乔木等（图5-23）。

在进行乡村植物景观设计时，需要遵循以下五点原则：一是坚持生态性原则，确保乡村植物景观的可持续发展；二是坚持功能性原则，强调植物景观营造体现以人为本的理念；三是坚持艺术性原则，提升乡村植物

图5-22　集群分布的乡村当地特色植物

图5-23　乡村植物

景观营造的审美品质；四是坚持经济性原则，实现植物景观营造的效益最大化，避免一味地追求名贵物种的引种；五是坚持地域性原则，营造具有本地特色的植物景观。

二、乡村植物景观设计的内容与方法

植物景观设计是指依据湿度、光照、浇灌等植物生存的基本条件，合理配置村庄中的乔木、灌木、花卉、草皮和地被植物等（图5-24）。乡村植物景观的更新就是针对一些乡村植物景观单一、品种过少、常绿与落叶植物失调、缺乏多样性、缺乏村庄地域

文化特色等问题进行协调梳理（图5-25）。乡村植物景观设计的内容与方法主要包括5个方面：村落整体植物景观、乡村出入口植物景观、乡村公共休闲空间植物景观、庭院空间（房前屋后）植物景观、滨水植物景观。

总而言之，乡村植物景观设计提倡在保留现有乡土植物的基础上，进行更新与补充，新增植物首先选择地域性植物，其次选择引种的植物。在植物种植形式上要以自然群落式栽植为主，具体节点的植物景观设计还需要结合当地的历史文化，合理搭配植物品种，以突出乡村既有的主题文化内涵，构建出具有一定艺术观赏效果的乡村植物景观。

图5-24　与构筑物相结合的植物种植方式

图5-25　与建筑物相结合的整体种植方式

第五节

乡村水景与湿地景观设计

乡村湿地景观是基于乡村环境下的湿地景观，它和乡村自然环境、农业生产活动密切相关，具有人工和自然双重属性，主要包括天然的河流、湖泊、沼泽及人工的鱼塘、水塘和稻田等。

一、四维一体原则

水景具有流水、静水、喷水和跌水四种形态特征。

（1）流水的水体因地球的重力作用使水从高向低不停流动，以形成各种形态的溪流、河流、旋涡。

（2）静水的水体因没有受到重力及压力影响，会形成相对平静的水池、水塘、水井。

（3）喷水的水体因压力而向上喷射，会形成各种各样的喷泉、涌泉。

（4）跌水高程落差大，水体因重力下跌，会形成各种各样的瀑布、水帘，具有形式之美和工艺之美。

水的这些现象构成了丰富的水景形态特征。水景与滨水景观中，除了水本身的形态外，还包括由石材、木材、金属等传统和现代材料构成的桥、岸堤、水槽、水坝等构筑物景观。水是以液态和流动的形式存在，在乡村中除了提供给人们饮用和洗涮等生活保障作用外，还具有造景和体验的作用。水形成的湖泊、河川、池泉、溪涧、港口，以及人工水塘、水池等活动场所，可供人们进行游泳、划船、冲浪、漂流、水上乐园等与水相关的体验性戏水活动。亲水是人们的天性，水景要强化人的参与感和观赏性，戏水活动可以增强人对景观的参与性和趣味性，创造嬉戏的景观环境和空间，近距离地接触、观赏水景，能够满足人们亲水的心理需求（图5-26）。

图5-26　重庆市武隆区犀牛古镇的水上活动

二、双效结合原则

（一）物质生产力

乡村区别于城市最大的特点就是它具有极强的第一性物质生产能力，乡村湿地中生产性景观是指农、林、牧、副、渔等农业生产活动为主的景观类型（图5-27），包含水稻田、人工养殖塘、排管系统、用于水产养殖的河流湖泊等。而湿地系统具有极为丰富的动植物资源和独一无二的观赏价值，坚持渔业生产第一目标和乡村观光第二目标的有机结合、经济效益同社会效益的统一（图5-28）。

（二）旅游业发展

在日常生活方面，乡村的水塘、水井、水道和江河等水景环境与村民的生活和生产紧密相连，是村民生活的有机组成部分。在水景观的营造中，便利性与实用性成为提升改造的前提条件，能通过人性化的设计引导村民的生活方式。乡村在发展物质生产力的同时，旅游业也慢慢地出现在大众视野中，具有乡村气息和特色的生活行为方式构成了乡村特有的环境场所，成为乡村旅游观光和体验的旅游景观资源。旅游景观可以保持乡村生活的真实性，呈现日常生活中的水景观面貌，使乡村自然与人文风貌更加和谐。

三、文化景观传承原则

维护好原始的景观风貌，保护既有的景观文化资源，提取原有的景观符号，将受人

图5-27　贵州省雷山县雷公山的农林景观

图5-28　重庆市梁平区礼让镇的渔业生产与乡村观光

类活动干预较少、基本维持自然原始状态的自然环境保护好。如保护好天然湖泊、河流及湿地系统中的动植物和周边环境，可增加乡村湿地景观的认同感和感染力。

乡村水资源是水景观营造的基本条件，对已有水资源条件的村镇应做到充分有效的利用，对不具备水景观资源条件的村镇不宜采取人工水景的方式营造景观，要根据乡村的资源条件做到因地制宜。不同地域的资源条件各不相同，要强调突出地域特色进行水景观的完善梳理和改造利用，努力塑造独一无二的水景观形态，避免程式化的设计和营造。打造具有地域性特征的水景，易形成乡村景观中的视觉焦点和集聚场所，从而打造出乡村当地的独特景观节点（图5-29）。

四、景观季节延续性原则

乡村景观是一个动态的过程，以周期性的波动、季节性延续为特色。在乡村湿地景观营造中，需对当地环境做好时间维度和动态格局的规划，利用农作物的季节性特征，创建出具有动态延续性的乡村景观，形成四季皆有景可赏的延续性。

水源环境设计要结合不同场地条件的地理环境和气候特点，以统一的乡村环境为原则，设计不同类型、不同风格、不同主题的水景，无论是梳理的还是新建的水景观都追求自然天成的形态，采用自然的石料结合当地水生植物构成，构建具有当地自然特征的水环境（图5-30）。

图5-29　重庆市武隆区沿沧河水景设计

图5-30　重庆市武隆区沿沧河中的自然石料

第六节

乡村公共艺术设计

乡村公共艺术设计造型讲究原生态之美，原生态理念崇尚的是自然与人文相结合。不同的地域、习俗和文化，原生态艺术也是千姿百态，各有韵味。但无论原生态艺术的造型风格如何多变，在对不同地域的乡村公共艺术建筑设计时，仍然要与周围环境相结合，与环境共生。这样的乡村公共艺术设计才能真正实现其价值。

一、乡村公共艺术基本概念

（一）公共性定义

公共艺术是指在开放性公共空间场所中，设置具有文化性和美感因素的艺术作品、构筑物或演示物等，如雕塑、壁画、装置、地景、行为艺术以及艺术综合体等，还包括具有艺术性的功能设施（图5-31）。公共艺术主要通过媒介的物质状态来表达具有公共性的文化内涵，从而丰富环境景观的艺术内容及形式，使环境品质得到提升（图5-32）。公共艺术作品具有艺术性的形式语言，以形象化的载体体现乡村的文化与精神，打造既有思考又有深意的乡村景观，展现乡村人文精神和文化风貌。

（二）特有重要性

公共艺术设计是在公共空间中对环境进行艺术性的规划设计，是乡村景观设计的重要组成部分，是乡村建筑内外开放空间等公共场所中将文化与美感因素相结合的艺术作品，以及具有艺术性的功能设施及物品的艺

图5-31　贵州省雷山县雷公山公共艺术作品

图5-32 重庆市奉节县吐祥镇葡萄小镇公共艺术装置

术设计与制作。在乡村景观营造中，公共艺术有助于打造独特的乡村文化形象和地域性的人文魅力，作为一种社会文化和美学现象，在人类社会文化系统中占有重要地位。公共艺术设计及其作品在我们赖以生存的环境中，承担着强化场所艺术氛围、传达人文气息、提升居住生活空间品质、进一步强化环境公共社会人文精神的作用。公共艺术设计既是一种外在可视的艺术表达方式，同时又是一种蕴涵丰富社会精神内涵的文化形态。

二、乡村公共艺术设计准则

（一）秉持本土历史文化准则

1. 传统文化传承

中国传统村落一直以"天人合一""历史文脉"作为其发展理念，与传统村落的建筑、壁画、生态文化、自然环境、公共雕塑等文化活动一脉相承。原生态设计理念在乡村公共艺术中得到渗透，还原乡村公共艺术淳朴、自然的本质。在设计中尽量利用村落自身的人文历史等元素，例如，渔文化、渔元素、水元素等，并结合材料和艺术手段表现作品的主题，大力提倡采用当地原生态的物质材料，挖掘本土文化内涵，使其成为能够与民众交流的、活的艺术，同时也能够使乡村重新成为充满活力与历史底蕴的生态地区（图5-33）。

2. 乡土文化传承

中国的乡土文化源远流长，其发展地的主要场所便是广大的农村地区。乡土文化作为中华民族得以繁衍发展的精神寄托和智慧结晶，是区别于其他任何文明的重要特征，是民族凝聚力和进取心的真正动因。乡土文化可分为物质文化和非物质文化，其中非物质文化包括民俗风情、传说故事、古建遗存、名人传记、村规民约、家族族谱、传统技艺、古树名木等诸多方面。

面对新时代发展的潮流，对乡土文化的

图5-33 重庆市梁平区礼让镇渔村的生态改造

传承与发展是其中必不可少的重要环节之一。在传承与发展的过程中要注意，无论是在物质文化还是非物质文化的各个领域都要做到全面发展，创乡土文化之新风，使之成为推动时代前进的暗流，为乡村发展注入新动力。

当前，我国乡村振兴的建设活动中，常见以下几类对乡土文化的传承与发展：

（1）将当地的特色物质文化，如"古建遗存""古树名树"等发展为当地旅游基地，即可带动当地经济发展，还能够将当地特色文化对外广泛宣传，起到一举两得的作用。

（2）采用互联网对"名人传记""传说故事""传统技艺"等进行文化宣传，如拍摄微视频、建立特色网站、创建小程序等线上宣传方法，既符合当下年轻人的喜好，同时还可以减少时间与成本的消耗。

（3）在当地定期开展文化教育讲堂，使当地村民了解文化传承的重要性。同时在当地开设民俗文化、乡土文化展览体验馆，当游客走进乡村时，不仅能够感受乡野生活的趣味，还能更深入地了解当地乡土风情、乡土文化。

（二）满足村民精神需求准则

1. 建设以人为本

乡村公共艺术设计要满足村民的精神需求。对于乡村而言，村民是主体，乡村公共艺术的创作，归根结底应以满足村民的精神需求为己任。首先，乡村公共艺术创造者应深入到乡村之中，倾听村民的心声，了解乡村的传统以及村民的日常生活习惯，了解中、老、青、少不同年龄段的不同想法，才

有可能创作出既符合乡村实际情况，又让村民愿意接受且符合当地地域特色的乡村公共艺术。

2. 村民参与共建

充分发挥村民主体作用，让村民真正参与到具体的方案制订和实施过程中，使设计充分体现出当地人的喜好和地域特色，以体现全体公民的共同利益。公共艺术的公共性就是强调作品设置在开放的场所，运用公众喜闻乐见和易于接受理解的艺术表达方式，反映出公众关心和关注的社会文化主题内容。

（三）深化社会美好环境准则

乡村社区的公共艺术，主要以改善村民精神文化生活为出发点和目标，它是一种视觉文化现象，要结合当地自然景观、人文环境、传统和现代文化，让居民产生追求向上的生活态度。原生态理念对公共艺术的渗透，也对公共艺术提出了更高的要求，既要满足人们的生活需求，又要体现人文特色。研究乡村社区公共艺术正是要从乡村最本质的状态出发，结合实际，实现乡村社区公共艺术功能性与艺术性的完美统一，呈现景致优美、布局合理又深具文化内涵的美好环境。

三、乡村公共艺术设计表现形式

（一）乡村户外雕塑

户外雕塑是依附乡村人文背景而存在的公共艺术，表达乡村生产和生活的主题内容。户外雕塑多以木材、石材、植物和农作物等乡村特有的材料进行艺术作品的创

作，呈现在村口、麦场、田地、山野、河岸、溪流等乡村特有的场景环境中，以此强化乡村形象和氛围，传递乡村文化的信息（图5-34）。乡村户外雕塑的场景性创作与设计是作品创作和展现的主要表达方式。

（二）乡村大地艺术

乡村大地艺术又称为"大地景观"或"地景艺术"，是利用乡村的自然环境和自然材料进行创作，通常以田地、山野、海滩、山谷和湖泊为艺术创作场所，采用挖掘、堆叠、构筑和着色等工程建构的方法梳理或改造乡村环境的外观（图5-35）。其追求与自然共同合作的新理念，强调文化观念与环境的融合表达，引导人们认识自然与乡村文化，以此表达人与乡村、人与自然之间的关系。

图5-34　重庆市梁平区川西渔村的雕塑

（三）乡村装置艺术

装置艺术是当代前卫艺术中重要的艺术表现形式，乡村装置艺术具有丰富的创作资源，可以通过乡村物质载体展现乡村精神文化。装置艺术是艺术走进乡村最有效的途径和方式，在特定的乡村时空环境里，将乡村日常生活与生产的器物载体，用开放的艺术手段，以艺术创作为目的，进行改造、组合和排列，演绎出体现乡村丰富的精神文化的艺术形态。乡村装置艺术以乡村特有的场地和材料，结合对乡村文化的情感，与乡村生活意象相联系，在主题内容、载体选择、文化指向、艺术品位、价值定位、实施方法等方面进行创作，形成展示与体验相结合的装置艺术作品。

（四）乡村行为艺术

行为艺术是现代艺术形式的一种，在乡村传统文化中许多非物质文化的表现形式与现代的行为艺术具有相似和相通之处。乡村中群众性的传统民俗表演、民间节庆游行、婚俗仪式和祭祀表演等行为都带有现代行为艺术的特征，这些与乡村传统文化结合的行为艺术具有广泛的乡村文化生态基础，可以

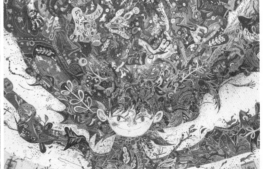

图5-35　重庆市懒坝国际产经艺术度假区的大地艺术

运用现代行为艺术的理念、方法进行传承和发展，以丰富现代乡村公共艺术的内容与形式，为发展乡村旅游增添具有地域性特色的乡村文化体验内容。

第七节

乡村形象视觉传达系统（VI）设计

视觉传达是利用图形、字体、色彩、形态等视觉化的基本元素，以艺术设计的方法、创意形成明确、易识别和形象化的视觉符号，并实现对相应信息的表现和传达。乡村形象视觉传达系统是以乡村文化与发展理念为基础，运用视觉传达的原理和方法，构建传播乡村文化视觉形象的传达应用系统（图5-36）。乡村形象视觉传达系统不仅能更好地宣传乡村文化，还能带动乡村旅游的发展，并为乡村旅游文创发展提供创意，从而达到乡村振兴的长远目的。

一、视觉传达设计的作用与特征

（一）视觉传达设计的作用

将视觉传达应用于企业视觉形象的系统传达，是企业发展战略的一部分。随着乡村建设和乡村旅游业的发展，视觉传达系统也可以应用于乡村形象的视觉传达。在促进乡村旅游业振兴和发展的背景下，建立乡村形象的视觉传达系统，可以有效地传播乡村形象，树立现代化、优质化、服务化、诚信化的乡村形象，传达和弘扬乡村文化的理念与文化，建立乡村文化的传播机制。

对内，可以增强村民的认同感和归属感，成为农村特色文化中的有机事业。对外，可以树立乡村整体形象，增强游客对乡村的认识，提升乡村旅游服务质量和整体水平。

（二）视觉传达设计的特征

不同地区的村庄都有当地独特的文化特色。基于每个村庄的文化和发展理念，乡村形象视觉传达系统可以让游客可以直观地感受到不同村庄之间的差异。通过视觉传达设计，塑造视觉识别图像符号，形成局部特征印象，实现视觉识别和交流的目的与任务。视觉传达设计通过影响人类视觉的形状、材料、颜色和肌理等元素结合起来，形成特定的传达形式，用明亮的视觉符号识别和传达信息。

二、设计的原则

视觉传达系统可以在乡村规划设计领域形成相应的形象基础，并且可以利用视觉信息传播媒介来传达乡村系统中的视觉信息。

图5-36　重庆市北碚区柳荫镇东升村的形象设计

乡村形象视觉传达系统通过视觉元素的符号语言对人们的视觉和知觉起到一定的作用，以清晰明确、易识别、形象化的方式传达乡村文化信息，从而给人们带来对乡村形象的认知。乡村形象视觉传达系统设计的主要原则包括以下四个方面。

（一）全方位的系统性表达

视觉传达设计思维的核心是系统性，是设计师从整体的角度充分理解视觉传达的功能和结构形式的一种思维方式。而其中的核心——"系统性"强调设计围绕乡村主题展开，协调视觉艺术设计的整体元素，相互联系、相互依托，在内容和形式上是一个统一的视觉传达系统。以此使游人在乡村感受到乡土气息，感受到有关整个乡村环境的文化和服务信息。

（二）突出乡村性文化特征

乡村性就是要突出乡村的特色。乡村形象视觉传达系统设计的乡村性强调视觉传达的内容要围绕当地的生产生活，视觉传达的形式要适合乡村的特点。有必要利用乡村特有的材料、工艺和表现形式作为视觉传达信息的手段。通过视觉传达设计

系统，游客可以对乡村有着清晰且强烈的乡土印象。

（三）形式美与乡村文化的有机结合

乡村形象视觉传达系统的外在表现，根据特定的构成规则，采用具有美学意义的色彩、线条和形状，运用对称平衡、单纯统一、调和对比、比例尺度、节奏与韵律、变化与统一等形式美的法则来设计，以强调视觉信息的传递是为了实现对乡村文化的认知，用乡村视觉传达系统的内容来塑造形象，在审美体验的过程中实现对乡村文化的认知目的（图5-37）。随着时代的发展，人们对美的形式法则的认识不断加深和发展，视觉传达系统设计形式规则的应用具有改变和增强人们审美感知的作用。

（四）发挥指导作用，强化应用性

旅游者的乡村形象意识对乡村旅游的发展尤为重要。乡村形象视觉传达系统在乡村旅游系统各个环节的应用，起到积极的促进作用。基于对乡村形象的建立和传播的认识和目的，乡村形象视觉传达系统设计的应用原则应强调乡村视觉识别基本要素的广泛有效应用。适用于地方办公系统、公共环境系

图5-37　重庆市武隆区齐心社社标设计

统、乡村产品系统、服务设施系统、广告展示系统等各个方面，在乡村形象视觉传达系统指导手册的形象传播中充分发挥作用。运用艺术设计手法，形成良好的乡村视觉形象，促进乡村旅游产业发展。

三、设计的内容与方法

乡村形象视觉传达系统设计建立系统的乡村形象传播体系，是以乡村文化和发展理念为指导，设计传达内容、传达形式和传达方式，完成乡村形象的设计和制作。村标、村庄名称标准字母（中外文）、标准色和辅助色、村落符号等统一视觉识别的基本要素，都应具有乡村形象视觉传达系统的特点。结合应用领域进行设计，可在乡村内外办公管理使用。在管理应用领域，可结合地方外部空间环境、建筑内部空间环境、地方特色农副产品的推广与销售包装、乡村文化旅游资源展示的对外宣传和展示进行设计。

信息传播设计、地方民俗文化活动、地方视觉形象的建立和传播，能有效促进乡村品牌的建立。乡村形象视觉传达系统的设计内容主要包括以下五个方面。

（一）乡村视觉识别的基本要素设计

乡村视觉识别的基本要素主要包括标志、标准字符、标准颜色、辅助图形等。这些视觉识别的基本元素构成了乡村文化传播理念的应用设计基础。将基础元素进行整合，贯穿应用设计系统的各个环节，实现视觉形象统一，塑造清晰、完整的乡村整体形象效果。必须为基本元素的设计和应用确定严格的使用规范，不可随意更改或乱用，应按照艺术设计方法和原则进行标准化设计和应用实施。

（二）乡村办公管理应用系统设计

乡村办公管理应用系统包括村内管理和村外业务经营管理。乡村形象视觉传达系统的图像识别和传播对于建立良好的乡村形象具有重要作用。将乡村视觉识别的基本要素应用到人事名片、公文封、公文纸、便笺、函件、笔记本、文件夹、卡片、胸卡、文具等，系统地将乡村形象信息传递到各处，有效促进乡村管理的有序性和形象感（图5-38）。

（三）环境中的视觉传达系统设计

农村环境中的视觉传达设计主要包括室内空间的形象墙、匾额、各类标牌和门牌、告示栏、各类宣传展板等，以及乡村街巷空间的标志牌、路线标志、指向牌、介绍标志等引导系统。乡村道路和场所环境中的视觉传达和引导设施具有功能性和美观性，具有视觉引导和组织空间关系的作用，还起到装饰和美化空间环境的作用（图5-39）。视觉传达系统与乡村景观环境形成有机的整体，成为乡村景观系统的重要组成部分。

（四）乡村土特农副产品包装系统设计

不同地区的村庄都有当地的土特产、农副产品和独特的旅游产品。这些产品的包装设计是增加产品价值和展示产品质量的重要途径。乡村土特产农副产品的包装系统设计

主要是产品商标、包装纸、包装盒、包装袋、产品广告和营销媒体等，方便产品的销售、携带、运输和展示产品质量，这有助于树立和营销当地土特产、农副产品和特色旅游产品的品牌形象。

（五）乡村对外宣传展示系统设计

随着乡村的建设和发展，对乡村旅游和乡村农副产品的展示和推广，以及构建体现乡村精神风貌的乡村推介展览体系，将成为促进乡村发展的重要手段。对外宣传展示系统的媒介和方法各不相同，主要是乡村展览和广告货架、招牌、标志、海报、背景墙、旗帜、乡村旅游手册、网页设计等。乡村对外展示系统使用艺术设计语言来增强视觉传达的效果，作为广告，可实现宣传乡村文化主题的意图，达到信息传达沟通的目的。

总之，文化和发展理念指导着乡村视觉形象传达系统设计，这是核心思想。设计的内容和形式要借助视觉艺术的形式语言和各种传播媒介进行系统的设计，强调视觉识别的基本要素和应用系统。这构成了一个完整

图5-38　人事名片及公文封设计

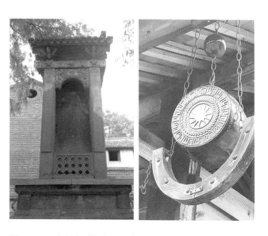

图5-39　乡村视觉引导设计

的乡村视觉识别传播系统的设计思想和方法。乡村形象视觉传播系统的设计必须清晰简洁，具有较强的识别性和可读性，人们通过视觉思维和视觉形式的感知对农村形象传播信息进行解读和识别。乡村形象视觉传达系统在提高乡村知名度和公信力、塑造乡村形象方面将发挥重要作用。

第八节

乡村公共服务设施设计

美丽乡村建设是系统的长期工程。推进美丽乡村建设是实施乡村振兴战略的重要步骤，是建设美丽中国的应有义务，是解决发展不平衡、实现高质量发展的必由之路。在建设美丽农村的过程中，我们要做好科学合理的规划和指导，让村民真正享受到社会经济发展的成果，让乡村成为美丽的家园。

一、乡村公共服务设施设计

公共设施是指为公民提供服务产品的各种公共服务设施，包括教育、医疗卫生、文化娱乐、交通运输、体育、社会福利保障、行政社区服务、邮政通信以及社区服务、商业和金融服务等。

乡村公共服务设施设计主要内容包括公共服务体系、安全服务体系、便捷交通服务体系、便捷服务体系及旅游行政服务体系五部分。

（1）公共服务体系的主要内容包括互联网信息服务、信息咨询服务（访客中心、信息中心、触摸屏、地图导航信息服务、手机短信服务、呼叫中心服务），特色小镇美丽乡村标志牌解说服务（交通导航、景区解说标志牌、自助导游）。

（2）安全服务体系的主要内容包括安全环境建设（购物、餐饮、住宿、娱乐等消费安全环境建设），安全设施建设（消防安全、娱乐安全、安全标志），安全机制建设（安全应急预案、安全帮助、旅游保险）。

（3）便捷交通服务体系的主要内容包括旅游交通通道建设（景区道路、人行道、无障碍通道），交通节点建设（游客集散中心、停车场、车站等），交通服务建设（车辆租赁、驾驶营地、驾驶加油站、维修电话服务）（图5-40）。

（4）便捷服务体系的主要内容包括便利设施建设（如无线互联网、通信、邮政、金融等）和免费娱乐场所建设（如休闲街、绿地、休闲广场、博物馆、科学教育基地等）。

（5）旅游行政服务体系的主要内容包括旅游产业规范和标准的制定及相关评估服务、

图5-40　重庆市武隆区火炉镇车坝村交通节点设计

旅游从业人员教育服务、游客消费保障服务。

二、乡村公共服务设施规划"五化"理念

（一）特色化理念

特色优美的城乡公共服务体系，最重要的是"特殊化"的思路，简单概括就是"个性化"。规划应当深入挖掘当地文化和生态因素，建设景观公共服务设施。并融合一定特色、文化、景观和旅游环境氛围。

（二）人性化理念

特色城镇、美丽村庄的公共服务必须以旅游为中心。在旅游体验方面，充分考虑不同群体的旅游需求，把"爱"融入公共产品和服务，构建便捷、有益的旅游公共服务设施，提供细致、舒适的旅游公共服务，从而提高游客满意度。

（三）智慧化理念

特色城市和美丽村庄的公共服务体系要简便、高效。利用互联网、云计算等高新技术手段，对接游客智能旅游模式，提供智能设施和服务，实现便捷、高效、优质、创新。

（四）生态化理念

与城市建设不同，构建特色乡村、美丽村庄的公共服务体系，要尽可能利用生态材料建设生态旅游公共服务设施，与当地生态环境相结合。同时突出实用的功能。特色村庄、美丽村庄的公共服务体系的建设，既要遵循适度超前的原则，又要充分考虑旅游规模，提高公共服务设施利用率，避免资源浪费现象。

三、乡村规划中建筑提升改造应遵循的原则

改善农村生活环境，建设农民安居乐业的美好家庭就要求，美丽的农村建筑规划在保持原样的同时，充分把握农村住宅建设的现状和问题，提出推进农村住宅建设现代化的措施和建议。

（一）建筑风格

建筑风格指建筑设计中，在内容和外貌方面所反映的特征，主要在于建筑的平面布局、形态构成、艺术处理和手法运用等方面所显示的独创和完美的意境。建筑风格因受时代的政治、社会、经济、建筑材料和建筑技术等的制约以及建筑设计思想、观点和艺术素养等的影响而有所不同。

在村庄建筑规划设计上，要注意风格的

延续，规划改造整个村庄风格的现状，从形式上与整个村庄风格保持统一。如重庆市武隆区万银村，当地建筑风格主要强调整体感，房屋地基做了抬高，屋顶整体采用小青瓦，外墙涂料采用黄色系，同时与万银村"乌江壁画，万花银海"项目中的建筑、小品使用材料相互呼应，使整个村庄中的建筑风格整齐划一、美观大方（图5-41）。

（二）建筑功能

建筑功能即指建筑所具实际使用的功能，具体到每一栋建筑物或者一个建筑群体，是指建筑物被赋予的某项功能。建筑功能往往会对建筑的结构材料、平面空间构成、空间尺度、建筑形象产生直接影响，另外，各类建筑的建筑功能随着社会的发展和物质文化水平的提高也会有不同的要求。建

筑的功能问题通常包括空间构成、功能分区、人流组织与疏散以及空间的量度、形状和物理环境等几个主要方面。

我国传统的乡村建筑主要以休息、待客、生产等基本功能为主，建筑类型包括住宅、店铺、祠庙、作坊、衙署以及娱乐设施等，建筑大多修建得相对简陋。随着生产力和生产关系的发展，现代的乡村建筑增加了行政、文教、卫生、商业、服务性建筑等，部分建筑还包括饲养、加工、贮藏、修理等生产性功能。近年，国家大力发展农村经济，乡村还出现了温室、塑料棚、养禽场、养猪场、养牛场以及各类仓库、厂房等较大型的生产性建筑。这不仅能够满足村民日益增长的物质与文化需求，乡村建筑的作用也得到了进一步的完善和发展。

图5-41　重庆市武隆区万银村的规划改造

思考与练习

1. 乡村人居环境专项设计包括哪些方面？

2. 请根据不同的地形特点，分析地形设计的内容与方法。

3. 乡村人居环境的铺装原则是什么？常见的乡村铺装材料有哪些？这些材料具有怎样的优点？

4. 乡村人居环境中，哪些结构属于构筑物？乡村构筑物设计应注意哪些问题？

5. 乡村植物景观设计的基本原则是什么？乡村水景与湿地景观设计的原则有哪些？

6. 什么是乡村公共艺术？乡村公共艺术设计的常见表现形式有哪些？

7. 什么是视觉传达系统（VI）设计？视觉传达系统设计的方法与内容有哪些？

8. 乡村公共服务设施设计的主要内容有哪些？

第六章

乡村人居环境改造设计
实践的教学与实训

第一节

吐祥镇乡村人居环境改造项目

一、项目要求

（一）项目背景

1. 当地条件

该项目位于重庆市奉节县吐祥镇石笋村，地处奉节县西南部，位于长江南岸，距离市区较远，但交通便利，重庆江北国际机场和奉节汽车客运总站都相距不远，生活设施方面也较完善。

2. 原始环境

全镇主要河流有吐祥河、石笋河，属长江水系，吐祥河发源于七耀山脉东段，流经四镇六乡，在永乐镇汇入长江，流程100余千米，全镇地势南高北低，集镇呈东西走向，平坝地形。

当地地质复杂多变，以石灰岩、红砂页岩、硅砂岩为主，土壤以黄棕壤、冷盐沙、石灰土为主，平均厚度不足80厘米。植物种类繁多，以灌木杂树为主，也有不少珍奇名贵树种，如红木、楠树、红豆杉等。矿产资源丰富，水产资源有鱼、藕等。

境内旅游资源丰富，著名的石笋河风景区内，高高的石笋如斧劈刀削般直插云霄。石笋河两岸青松翠柏，绿树成荫，瀑布飞流直下。每逢夏秋季节，瓜果飘香，石笋葡萄更是远近闻名。

吐祥镇还有大量的古建筑群，如阳和山庄、王家祠堂、老屋、富家沟等雕梁画栋的明清建筑。大鱼泉、雀儿笼、大白岩、落水洞、金银洞等都是吐祥镇极具开发价值的旅游景点（图6-1）。

3. 特殊性

吐祥镇不仅旅游资源丰富，自然资源蕴藏量大，物产丰富。当地日照时间长，葡萄种植业发展良好，而且由于当地地形独特，葡萄成片地生长在悬崖上，葡萄文化就成了当地的特色文化，其产业基础良好，历史悠久，经验丰富，葡萄文化便与周边天坑地缝等景区形成了差异性组合，具有明显的组合竞争优势。

4. 综述

吐祥镇远离城市喧嚣，交通便利，气候宜人，光照好，适合葡萄产业发展，物产资源丰富，周边旅游资源众多，可开发利用。地质复杂多变，有悬崖峭壁可与葡萄种植业结合。

（二）设计要求

1. 一期设计要求

一期主要体现在简易接待中心、葡萄采摘园提升、人居环境提升三方面。

（1）简易接待中心应具备停车场、卫生

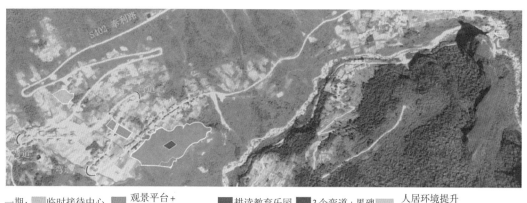

一期：■临时接待中心　■观景平台+母树打卡地　■耕读教育乐园　■3个弯道+界碑　■人居环境提升（风貌改造+功能提升）

二期：■接待中心（便民+集散+展销）　■标准化葡萄园　■葡萄园采摘区　■葡萄梦工厂　■峡谷体验区

图 6-1　葡萄小镇场地概况

间、有水体设计，以山水、葡萄文化为元素，采用钢结构，设计效果与 4A 景区对标。

（2）采摘园提升主要体现为增设卫生间和可供休息的露营地，打造以葡萄文化及葡萄母树故事为基础的打卡地，同时在玉米地建草棚，丰富人们的参与性体验，使其体会到在此休息及耕地的乐趣

（3）人居环境提升。如以乡村、山水、祥瑞文化为元素打造打卡地，在沿途配置雕塑或节点，充分利用三条街区+三个弯道的"3+3"模式，设立奉节县界碑，开展立体彩绘、文创设计等活动。

2. 二期设计要求

二期主要体现在游客接待中心、一户临街改造—人居环境改造、葡萄体验区、体验休闲区。

（1）主游客接待中心改建、扩建，成为村便民服务中心，应具备游客集散等功能，同时进行商品销售。

（2）一户临街改造—人居环境改造，主要体现在民居风貌、功能提升及立体彩绘+

文创设计两方面。

（3）葡萄体验区（肖家坪葡萄梦工厂）。在其中建悬崖木屋、民宿及秋千，充分挖掘葡萄文化，满足旅客吃、喝、玩、乐、购的一日游体验。同时建景观索道及栈道通往果园。

（4）体验休闲区。在石笋峡谷打造峡谷体验区，构建石笋河景观步道。

（三）设计重点

1. 打造乡村形象 VI 设计

乡村形象 VI 设计即视觉传达系统设计，利用图形、字体、色彩、形态等视觉化的基本元素，融合创新，形成独特的、具有识别性的标志。不同地域的乡村都有自己的文化特色，通过提取当地的文化特色，用视觉传达艺术设计的方法，塑造独特的形象符号是其重点。

吐祥镇盛产葡萄，悬崖上的葡萄是当地的一大特色，另有一条石笋河贯穿小镇，整个小镇依山傍水，环境优美。将这些独特的符号构成相互联系、彼此衬托、内容和形式

统一的视觉传达体系，使得乡村旅游的游客能够感受到乡村环境中无处不在的文化与服务信息，有效地传播个性鲜明的乡村形象，建立现代、品质、服务、信誉的乡村意象，传达乡村文化理念，弘扬乡村文化，树立鲜明的乡村视觉形象。

2. 自然环保的道路铺装

乡村道路铺装是指针对村庄的内部道路运用天然或人工制作的硬质铺地材料对路面进行铺设。为了积极践行环保的理念，同时能满足车行和步行的需求，依据吐祥镇所在地理位置的气候条件选择适宜的铺装材料，根据当地资源就地取材，利用石笋河及河边的鹅卵石、碎石等做小路铺装，且石材经久耐用、自然古朴，适合表现乡村气息的氛围。另外，吐祥镇背靠大山，当地木材比较容易获取，也可采用木材进行铺设。

铺装要与当地整体风貌相匹配，具有美感，通过材料或样式的变化形成空间界限，组织交通与引导浏览，好的铺装设计不仅使人得到视觉上的享受，也能愉悦身心、强化意境。更新铺装的同时也要注意适当保留和恢复一些具有历史氛围的路段，不仅环保，而且有助于呈现乡村的历史沧桑感。

3. 葡萄文化的结合设计

吐祥镇以"悬崖上的葡萄"为特色，将葡萄文化与乡村风貌相结合，使民俗主题贯穿始终，深入挖掘吐祥镇文化元素，融入项目改造中并持续强化运用，突出风貌改造的区域性、特色性、文化性、功能性，做到地域特色文化与时代风貌有机结合，营造一种人与自然和谐共生的美好意境。例如，一些

能够体现吐祥特色的文化打卡地标、文化墙等。

（四）设计难点

1. 多功能相结合

该怎样把农业体验、科普教育、文化传承、亲子互动与葡萄小镇相结合，从而打造一个西南地区以葡萄文化为主题的乡村休闲度假基地、中国最大的悬崖葡萄种植基地。

2. 本土文化诠释

如何打造吐祥镇的乡镇名片，让游客感受到吐祥镇的本土文化，将现代创意与吐祥葡萄文化相结合，用大家都喜爱的方式去诠释吐祥文化。

3. 传统与现代结合

如何将传统建筑和现代技术相结合，从乡土建造中汲取灵感，用现代手段加工建造，从而实现小尺寸构件在乡村建设条件下也能正常使用的手法。怎么去结合当地悬崖峭壁的独特地形，利用当地的自然资源，考虑设计的合理性，打造独特的葡萄小镇。

4. 资源整合

旅游资源需要有效整合，用什么样的方法才能形成统一的旅游形象，如何打造吐祥镇葡萄文化的品牌效应和竞争优势。

二、项目实践

（一）分析篇

1. 区位节点

结合一期和二期的设计规划，整个项目内的街区和景观节点明确，方便游客体验（图6-2）。

图 6-2　葡萄小镇区位节点

2. 场地肌理

场地肌理主要为公路、房屋、河流、农田、峡谷，即基本的地理环境（图6-3）。

3. 基地特征

该地基础设施不完善，房屋建筑风格不统一，建筑杂乱且老旧，进村道路无导向标，缺少标志性建筑，植物排布杂乱，体验感较差（图6-4）。

图 6-3　场地肌理

图 6-4　基地特征

4. 设计原则

结合当地文化，打造新时代葡萄文化小镇农耕基地，以当地建设为基础，尽量采用本地材料，完善改进建筑形式，加强小镇的文化形象。

5. 文化解读

（1）历史文脉。1982年，一次偶然的机会，村里的一位村民从收音机内得知安徽的葡萄苗能产生经济效益，便从奉节出发远赴安徽合肥引进第一颗葡萄苗。种了几年有收成之后，开始带动周围村民进行种植，渐渐地带动全村一起致富。之后为了葡萄种植业的发展又有村民出去引种，并前往浙江、成都等地学习种植技术。仅三年的时间就发展了400多户，并于2002年种苗和培育技术在全县推广开来。

（2）耕读文化。耕读关系的认识可追溯到春秋战国时期，中国古代一些知识分子以半耕半读为合理的生活方式，以"耕读传家"、耕读结合为价值取向，形成了一种"耕读文化"（图6-5）。

（二）灵感篇

以西安太阳葡萄小镇——大型综合性教育主题营地为案例进行借鉴分析。

该项目以儿童娱乐为主题，以耕读文化为底色，集户外拓展、亲子游、露营、自然教育、休闲娱乐为一体，让孩子们在欢乐中游玩，在自然中成长，给孩子留下深刻的童年记忆，是孩子们的乐园（图6-6）。

（三）概念篇

1. 项目定位

打造西南地区以葡萄文化为主题的乡村休闲度假基地、中国最大的悬崖葡萄种植基地。

2. 设计理念

该项目以乡村振兴为核心，集农业体验、科普教育、文化传承、亲子互动为一体，以吐祥镇的人文历史为背景打造新时代葡萄文化小镇农耕基地，打造出一份展示吐

图6-6　西安太阳葡萄小镇

图6-5　耕读文化

祥镇人文形象的乡镇名片，演绎一份打造本土文化、挖掘乡土情怀的文化名片，提供一个提升游客生活品质、增加游客幸福感的活力生态名片（图6-7）。

以葡萄文化、石笋等元素为主，以山水、祥瑞文化为辅，将石笋山、石笋河等元素抽象创意形成符号语言，打造葡萄特色小镇（图6-8）。

（四）设计篇

1.设计原理

对一块土地的再创造，融科学理性分析和艺术灵感创作于一体，在保留原有建设的基础上，"以人为本"融入新的元素，环境与人文相结合，在不破坏原有特色的情况下，尽量保留原有风貌，同时帮助村民解决一切户外空间活动问题，为人们提供满意的生活空间。

2.设计思路

（1）结合当地产业模式。当地良好的自然生态环境基底为最大优势，以本地文化为最大特色，通过农业的现代化升级、产业链延伸，推动一二三产业的联动发展与融合，发展高端农业、乡村文化旅游与田园社区配套等相关产业，实现文化的回归、乡村的复

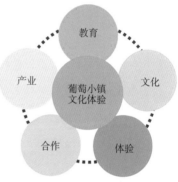

图6-7 葡萄小镇设计理念

图6-8 葡萄小镇元素提取

兴与再造（图6-9）。

（2）合理利用自然条件。利用当地大片田野，建设儿童耕读乐园，其中摆放草编卡通人物以提升乐趣。在道路旁的崖壁上运用崖壁全息投影技术展示吐祥镇文化。所用材料及种植的植物尽量运用当地本土材料及物种。

3. 节点分析

根据使用功能的不同，节点上分两期进行设计改造。

（1）一期以学习体验为主题，根据优质农作物从种植研发到应用，再到与现代城市接轨的过程，分为临时接待中心、葡萄园人文提升、人居环境三个板块。

①临时接待中心：临时接待中心采用传统木质钢架结构，这里的设计传统又不失唯美，景观不拘泥于重庆传统建筑的样式，而

是从乡土建造中汲取灵感，使用现代技术手段进行加工建造，提升乡村建筑的品质，推动乡村建造技术的提升。

胶合竹质材料与钢构件的组合运用，实现了小尺寸结构构件在乡村建设条件下的安装可实施性，并可以利用小尺寸结构构件形成室内大空间。设计探索了一种在重庆近郊乡村中的公共空间建造方式，既实现了乡村建设的现代化，又不抹杀乡村的文化特征，体现出对乡村建设的当代性思考（图6-10~图6-12）。

②葡萄园人文提升：包括廊道设计、观景平台、打卡地标、耕读教育乐园、葡萄文化墙以及弯道的建造。

a.廊道设计。融入乡土元素，配置相关雕塑，廊道两边装饰有七彩户外风车，乡野气息迎面而来；为增加童趣，在廊道顶上定

图6-9　产业模式分析图

图6-10　临时接待中心效果图

图6-11　临时接待中心室内效果图

图6-12　临时接待中心效果图

制装饰雨伞，和仿真藤蔓、花卉形成独特的廊道；建设平桥，易于葡萄园日常劳务使用（图6-13~图6-15）。

　　b.观景平台、打卡地标。针对葡萄母树历史文化设立地标打卡点，带有一定的宣传作用。观景平台采用钢架悬挑式结构，底部作为卫生间使用，平台栏杆采用钢板展示葡萄文化及故事介绍，局部设置远眺望远镜及打卡框景相框。周边采用型钢元素符号衬托母树及原石介绍。另外，因它采用阶梯式

图6-13　廊道设计效果图

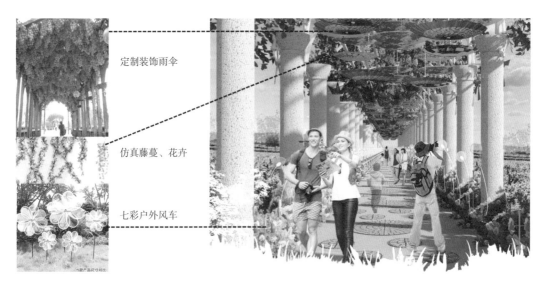

定制装饰雨伞

仿真藤蔓、花卉

七彩户外风车

图6-14　廊道设计效果图（细节图）

图6-15　廊道原始场地

结构，不仅能满足观景，在诗酒大会主题节事时也可作为母树主会场座椅（图6-16~图6-18）。

　　c.耕读教育乐园。将原有玉米地打造为

图6-16　钢架悬挑式结构（图源：谷德设计网）

休闲体验区和露营地。以吐祥镇的人文历史为背景，融入历史文化，使游客在大自然中学习，在吐祥留下美好的回忆。乡土物件的组合空间和一些草编卡通人物可为小朋友带去快乐，错落的微型瞭望塔和儿童创意学堂小屋为儿童的教育创造氛围，同时融入耕读教育，在娱乐中学习"三农"知识，培育"三农"情怀（图6-19~图6-24）。

　　d.葡萄文化墙。以葡萄文化为基础，以谭天运1982年从安徽合肥引进第一棵葡萄苗及带动村民种植葡萄致富的历史文脉为故

图6-17　观景平台效果图

图6-18　母树打卡地标

图6-19　错落的微型瞭望塔

图6-20　儿童创意学堂小屋

图6-21　生态娱乐设施

图6-22　乡土物件组合空间

图6-23　耕读教育乐园效果图

图6-24　玉米地儿童乐园

事原型进行创作，在空白的水泥墙上演绎吐祥镇石笋村的历史文脉。运用相关元素展示葡萄文化，现场采用玻璃钢、铜板与水泥进行浮雕创作与立体文字创作，展现出硕果累累、人丁兴旺、诗酒人生及精致生活，乐享葡萄小镇，品味精致生活的葡萄文化（图6-25~图6-31）。

e.弯道景观墙及界碑。以当地乡土原石材料及物件进行组合，形成景观墙及界碑，结合花卉与藤编造型、立体标语，讲述石笋河三条街区+三个弯道的"3+3"的故事（图6-32~图6-37）。

③人居环境改造。主要体现在功能提升、风貌改造、景观小品上面。

图6-25　浮雕墙方体示意图

图6-26　旋转标识牌

图6-27　葡萄发展历程文化墙

图 6-28　葡萄发展历程文化墙效果图

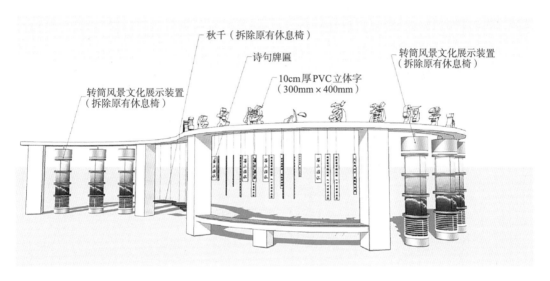

图 6-29　葡萄发展历程文化墙效果图

图 6-30　葡萄发展历程文化墙墙绘创作稿

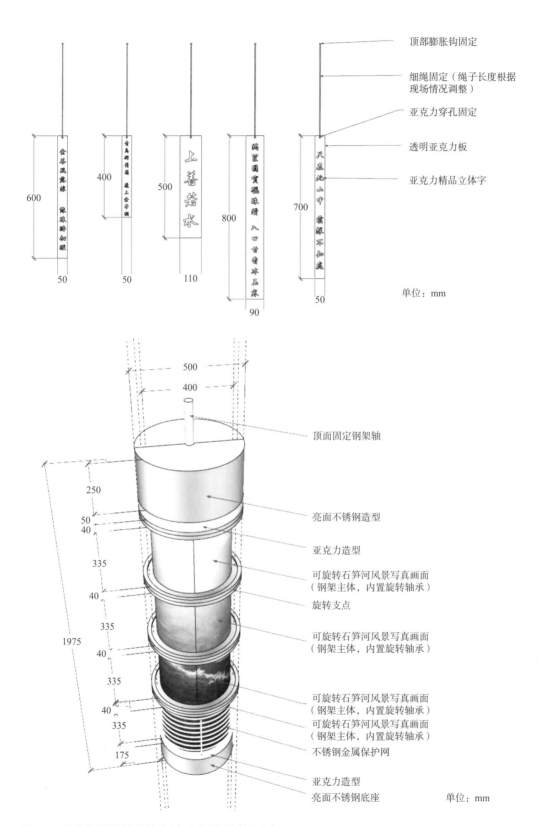

图6-31　葡萄发展历程文化墙（廊架文化展示实施方案）

图6-32 景观墙　　　　　　　　　　　　　图6-33 三个弯道效果图

图6-34 弯道人文创意景观小品（弯道一）　　图6-35 弯道人文创意景观小品（弯道二）

图6-36 界碑方案（一）　　　　　　　　　图6-37 界碑方案（二）

　　功能提升表现为在集中居住区及葡萄售卖点、售卖摊位及周边增设停车港湾（图6-38~图6-40）。

　　风貌改造主要是选取适宜院落，通过立体彩绘改造民居风貌，打造未来的文化中心（图6-41）。

　　景观小品主要对空间起点缀作用，多为公共艺术品，如雕塑、座椅、壁画、游戏设施等（图6-42）。

　　（2）二期以休闲体验为主题，根据当地人文历史体验民风民俗，分为接待中心、葡萄梦工厂、休闲体验区三个板块。

　　a.葡萄梦工厂。以入口广场和农耕乐园为主。

　　入口广场主要设置有葡萄梦工厂导视、悬崖廊亭、葡萄元素地面铺装、葡萄主题雕塑、农耕文化墙及临时停车区（图6-43~图6-45）。

　　农耕乐园主要有葡萄森林（认领田园）、葡萄自然学堂、生态栈道、科普园地、无动力

图 6-38　人居环境改造效果图

图 6-39　人居环境改造方案（一）

图 6-40　人居环境改造方案（二）

图 6-41　吐祥镇葡萄发展历程原创墙绘

图6-42 景观小品设计

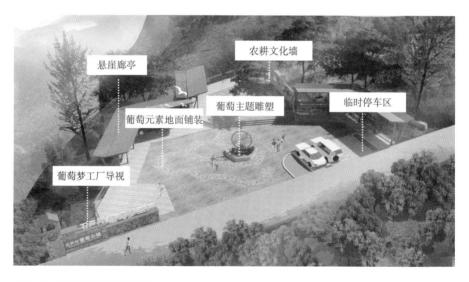

图6-43 葡萄梦工厂入口广场

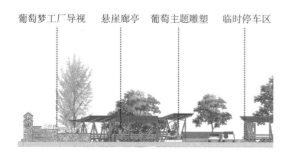

图6-44 葡萄梦工厂入口广场立面图

图6-45 葡萄梦工厂入口广场效果图

乐园、智慧沙池、传声筒（图6-46~图6-48）。

　　b.休闲体验区（图6-49、图6-50）。

4.VI 设计

　　以吐祥镇主要生态环境、石笋山和石笋

河为主要设计元素，体现出山水自然之色，再以吐祥镇葡萄文化为辅，将葡萄元素标志融合其中（图6-51~图6-56）。

图6-46　葡萄梦工厂农耕乐园

图6-47　葡萄梦工厂农耕乐园效果图

图6-48　葡萄梦工厂健康步道效果图

图6-49　休闲体验乐园

图6-50　休闲体验区效果图

图6-51　葡萄小镇产业标识

图6-52　标志反黑反白效果图例

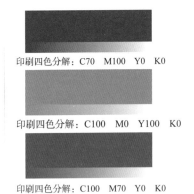

图6-53　标志、标准字　　　　　　　　　　　图6-54　标志色彩

图6-55　名片效果图　　　　　　　　　　　　图6-56　文化用品效果图

第二节

礼让镇乡村人居环境改造项目

一、项目要求

（一）项目背景

该项目位于重庆市梁平区礼让镇，建设规模达300亩。整体涵盖礼让镇川西村、同河村、民中村、老营村、新华村，明达镇字库村、红八村和仁贤镇长龙村，其中核心区域位于礼让镇川西村。

该镇拥有重庆市规模集中度最大的商品鱼生产基地和全市唯一以渔业为主的农业科技园，年孵化各类鱼苗10亿尾，生产水产品1.5万吨，实现渔业经济总产值超过6亿元。

（二）设计要求

1.设计目标

创建成全国乡村振兴示范区、国家4A级景区和全国休闲渔业示范基地。按照"渔业园区化，园区景区化，农旅融合助推乡村振兴"的发展思路，在渔产业、渔文化展示、养鱼技术培训、休闲观光、餐饮住宿等休闲观光旅游方面下功夫。

2. 设计目的

使游客置身其中，学习渔业养殖知识，感受阡陌纵横的鱼塘美景，游览龙溪河公园，参加钓鱼、摸鱼比赛，品尝生态鱼美食，观看大鳞鲃、黄腊丁等名优鱼的繁殖过程以及智能养殖过程，体验高水平的生态化、现代化、智能化渔业养殖技术。

3. 具体要求

如图6-57所示，红色为设计范围；绿色为生态沟的位置；紫色为之前甲方预想的参观路线；蓝色为现场讨论的，形成一个参观闭环的路线。

（三）设计重点

1. 乡村公共艺术设计

川西渔村是令人心旷神怡的世外桃源，鱼塘星罗棋布，清风拂波，绿柳摇曳，鱼翔浅底，白鹭、水鸭不时从水面掠过，置身于此，仿佛身处"江南水乡"。虽然川西渔村

图6-57　川西渔村功能区分析图

与蜿蜒美丽的龙溪河畔接壤，镶嵌在碧田万顷的梁平大坝上，但川西渔村的乡村人居环境状况仍有待改善，脏乱差问题在个别节点还比较突出，需要运用乡村公共艺术设计对川西渔村进行合理布局。

在川西渔村进行的原生态公共艺术设计，是一种返璞归真、尊重传统、可持续发展的综合体。原生态设计理念与中国"天人合一"的传统思想相吻合，是对自然、人文、艺术的充分尊重。乡村公共艺术是大众的艺术，有责任承担起美化环境、延续传统、陶冶情操的使命。人们可以以乡村公共艺术为媒介，表现与大众的情感交流和与环境的和谐共处。展现乡村公共艺术的原生态设计理念，摒弃"假""大""空"的设计思想，真正将设计重心放在与环境的共融、与地方文化的共存上，在满足功能与审美的基础上，让乡村公共艺术设计发挥最大程度的美化作用，使作品与当地民众产生最大程度的精神共鸣。

2. 乡村水景与湿地景观设计

川西渔村的水景与湿地景观资源丰富，但观赏性与美感度并不高，需要对其水景与湿地景观进行再设计。在进行水景与湿地景观设计前，重点对这里的资源和场地条件进行评估，按一定要求保育渔村的核心湿地资源，对相关要素进行空间布局和设计，使其发挥生态和休闲综合功能。水边植物配置对水景与湿地景观美感也至关重要，不同区域水深有着不同的植物配备需求，更能展现水景与湿地景观的特色观赏性。

在进行水景与湿地设计时，水景是湿地

景观营造的核心，水体的流动性与随意性决定了水景的设计，水景设计取决于水景的载体。对于湿地景观而言，驳岸有缓解内涝、补枯、调节水位、水体自净等生态作用，因此驳岸设计便成为水体设计的重点。水景与湿地相辅相成，交错共生。

（四）设计难点

1. 基础设计难

当地居民对生活方式及生活环境有迫切改变的心理需求，但缺乏专业的设计指导，他们只是自发地一味模仿城市，往往忽视了本有的景观价值元素，从而造成乡村传统文化的消失。自发性建设行为不但没有打造出良好的旅游观光胜地，还打乱了本有特色的自然景观，打乱了自然的乡村景观生态格局，从而难以成为田园化美丽乡村，难以进行生态文明乡村建设。

2. 规划设计难

在对川西渔村进行设计前，由于乡村居民的自发性修建缺乏科学的规划理念，直接导致景观建设畸形和低水平，不符合景观生态学中的因地制宜、适度开发、高效利用的基本原则。只是暂时满足了当前社会发展的需要，只看见了眼前的利益，没有从根本上合理研究开发，没有从根本上实现城镇化发展，没能切实地改变人们的生活环境，反而造成了自然生态景观大面积被破坏。在这种前提及状态下，整体规划设计具有一定的难度。为了使乡村振兴战略更好地落实，需要更加注重乡村规划设计工作的科学性、前瞻性、针对性，真正加强乡村规划设计对乡村振兴战略实施的保障作用。

二、项目实践：梁润渔乡·平沃浅塘

（一）分析篇

1. 区位交通

重庆市梁平区礼让镇川西村位于S206省道东侧（图6-58）。

2. 场地肌理

场地肌理主要为基地、生态沟、鱼塘、房屋、公路、河流（图6-59）。

3. 基地特征

入口无导视牌，缺乏公共艺术设计指引；从入口进入川西渔村，建筑单调、形式单一；院落构造死板、单调，没有标志性特点，布局杂乱、空旷；竹林路脏乱，周边植物杂乱，生态沟植被凌乱、凄凉；湿地缺乏观赏性，杂草丛生，观景台简陋；道路冗杂，导向性差（图6-60）。

4. 设计原则

以渔村基本生产状况为前提，在此基础上做环境美化，进行文化艺术打造、节点景观设计等。

5. 设计范围

（1）交通组织。包括领导参观人行路线、车行路线、游客参观游玩路线、节点项目等。

（2）道路两边交通护栏设计、鱼塘内壁堡坎处理等。

（3）节点景观设计要考虑参观途中重点节点位置，以及文化艺术等节点位置。

（4）科普宣教设计。主要体现在现有建成的生态沟、高位池生态水净化、川西渔村

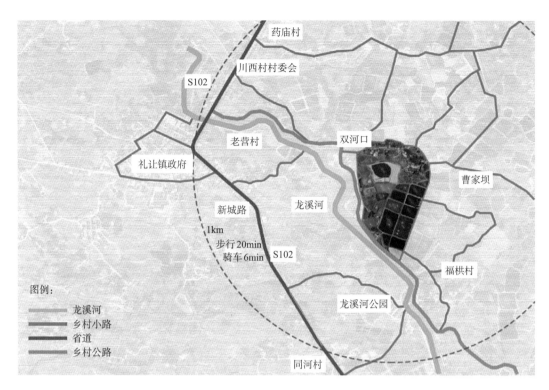

图6-58　川西渔村地理位置

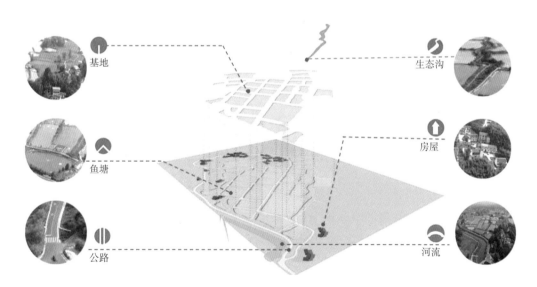

图6-59　场地肌理分析图

鱼类等科普介绍上（图6-61）。

6.文化解读

（1）原始渔业。中国渔业的悠久历史可追溯到原始人类的早期发展阶段。那时人类以采集植物和渔猎为生，鱼、贝等水产品是赖以生存的重要食物。早在旧石器时代中晚期，处于原始社会早期的人类就在居住地附近的水域中捞取鱼、贝类作为维持生活的重

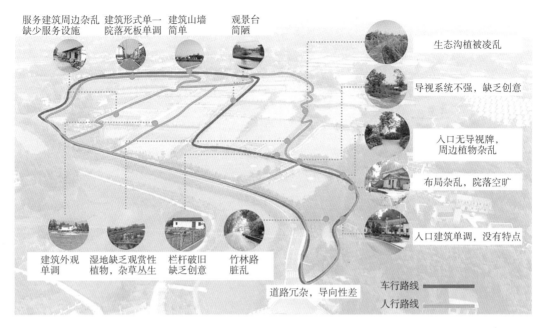

服务建筑周边杂乱 缺少服务设施

建筑形式单一 院落死板单调

建筑山墙 简单

观景台 简陋

生态沟植被凌乱

导视系统不强，缺乏创意

入口无导视牌， 周边植物杂乱

布局杂乱，院落空旷

入口建筑单调，没有特点

建筑外观 单调

湿地缺乏观赏性 植物，杂草丛生

栏杆破旧 缺乏创意

竹林路 脏乱

道路冗杂，导向性差

车行路线

人行路线

图6-60　场地原始面貌分析

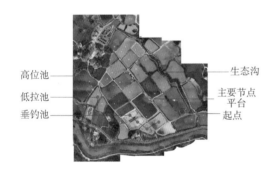

高位池

低拉池

垂钓池

生态沟

主要节点 平台

起点

图6-61　设计范围分析图

要手段（图6-62、图6-63）。

（2）传统渔业。渔业生产的工具、技术和方法随着社会的发展而不断得到改进和提高。自古以来的传统捕捞习俗，随着生产实践，积累了丰富的经验，并不断加以改进发展（图6-64）。

（3）现代渔业。渔业发展既需要渔业科技发挥更强的作用，同时更需要从产业的视角来思考乡村振兴背景下渔业转型升级抓手释放的带动价值与其带来的市场广阔机遇。现代渔业以水产养殖为基础，深度挖掘农业、工业、服务业三大产业融合，探索大农业发展模式（图6-65、图6-66）。

（二）灵感篇

1.案例借鉴：大邑·稻乡渔歌

该设计采用传统川西林盘的"田、林、

图6-62　原始渔业（垂钓）　图6-63　原始渔业　　　　　图6-64　传统渔业

图6-65　现代渔业（一）

图6-66　现代渔业（二）

水、院"等形式，万亩沃原，阡陌纵横，良田在侧，菜蔬成畦，流水潺潺，竹林蕴秀，树木葱茏，青砖碎石铺地，以自然肌理为木底，有机结合场地营造一幅美丽的田间画卷。

借鉴此案例，将质朴的情愫与勾勒世人心的田园生活趣味运用在川西渔村中。微风拂柳絮，薄雾绕露台，松柏影成对，清泉石上流，山、水、树、雾、石，这些简单的元素形成乡村景色的独特魅力（图6-67）。

2.案例借鉴：华侨城D3地块南侧湿地公园景观提升

华侨城D3地块南侧湿地公园以自然为画布，用色彩点缀绿林，为湿地公园增添一抹别样的生气，唤起人们游赏的欲望。

借鉴此案例，将水景与湿地景观设计的自然和谐，亲切、清晰地融入川西渔村。

"生活不止有苟且，还有诗和远方"，将户外水景布置通过艺术设计，使整个公园景观环境产生一种脱离尘世的美感（图6-68）。

（三）概念篇

1.项目定位

集"自然、观光、休闲、科普、娱乐、教育"于一体的多功能鱼文化空间，打造最具特色的全景全时、沉浸式户外鱼博物馆。

2.设计理念

川西渔村犹如"江南水乡"，也是重庆最大的休闲渔业园区。梁平优厚的地理位置，犹如"随风潜入夜，润物细无声"。梁润渔乡的"润"字便出于此，它悄然无声地滋润着大地万物，在这"沃野千里"上孕育出了"稻鱼共生"的川西渔村。漫长曲折的

图6-67　大邑·稻乡渔歌效果图

图6-68　华侨城D3地块南侧湿地公园效果图

历史，由"渔"开卷；壮丽形色的地理，因"渔"多姿；神秘浪漫的风情，因"渔"添彩；兼容并蓄的时代，因"渔"丰盈。

（1）全景全时。多处设立观景台，停下来，静下来，与渔村来一次零距离拥抱，全景观赏鱼塘大地景观，全时欣赏自然之境。

（2）沉浸式体验。对当代人而言，自然田园风光是戴上耳机沉浸听歌的瞬间，逃离了城市的喧嚣，放慢了快节奏的生活频率，在与自然的交流中，释放内心沉积的焦虑，治愈生活。

（3）户外鱼博物馆。充分利用自然风光、地域文化等元素，打造"观光、休闲、科普、娱乐、教育"于一体的多功能鱼文化空间。配置鱼塘迷宫、渔家集市等功能区，构建"活"的户外鱼博物馆，真正做到寓教于乐。

（4）生态沟游玩。傍晚、溪水、虫鸣。自然、舒适、归真。唤起深埋心底那份童年的记忆（图6-69）。

3. 元素提取重构

对元素进行提取重构，具体包括：渔元素，如卵石、苍鹭、蓑衣、鱼篓、竹筏；水元素，如水波纹、线条感；鱼元素，如对鱼

形象进行抽象重构；渔网元素，如麻绳、竹编、金属；鱼篓元素，如竹编、木制、金属（图6-70）。

（四）设计篇

1. 设计思路

（1）重构景观空间格局，具体问题具体分析。改造之前的川西渔村田园型旅游小镇的景观空间格局布局混乱、空间规划文化底蕴缺失。根据各个地方的地域和文化，结合田园城市、景观生态学、景观美学理论，对各个部分进行拆分整合，着重用乡村公共艺术设计塑造出合理的景观空间。将景观功能分为形象展示区、生态体验区、渔文化体验区、休闲度假区、田野休闲区五个部分。

（2）保护自然的景观元素，尊重自然。乡村的自然景观包括山体、水体、植物、野

图6-69　儿童玩乐示意图

图6-70　元素提取意向图

生动物等，它是乡村景观的基础，也是旅游的基础，自然特征就形成了天然的景观效果。避免过多的人工化，尊重自然，因地制宜合理地利用和开发，避开景观的敏感区，如基本的鱼塘、河流。保护鱼塘的不规则性及大量的自然景观植被，用乡村景观设计对渔村进行适当的修建和保护。

（3）整合渔业景观空间，鱼塘用地不但是渔业生产的空间，也是游客喜爱的景观元素，对渔业用地景观的规划也是必不可少的。在设计上要对原始的鱼塘进行合理的保留，对渔业用地不只是局限在观赏捕捞，还可以形成新型的创意，从不同的方面打造装饰特色，带给游客乐趣。例如，可以结合鱼塘建设"田海迷宫"等乡村公共艺术设计形式，增加鱼塘的装饰性等。

（4）改造聚落空间。改造聚落空间也是旅游空间的重要组成部分，说到底就是对人类居住空间进行合理的保护和开发，把聚落空间看作一种旅游产品，对它进行特色化处理、科学改造，利用渔村的特色吸引游客到村落里去，利用渔村的水景与湿地让游客到鱼塘里享受沉浸式体验。

2. 设计成果

（1）总平面图。根据川西渔村场地状况，平面布局从绿化公路入口、整改入口沿途景观环境、增加村标景观小品、改造翻新鱼塘功能房、增添龙溪渔歌景观雕塑、治理打造生态沟绿化环境、硬化绿化区域内鱼塘堡坎和生产便道等方面规划设计（图6-71）。

（2）总平面注释图。在平面设置24处节点，通过直接展示、对比烘托、突出特征等设计方法把各节点互相联系、互相交错（图6-72）。

（3）功能分区图。根据渔村的性质及基地空间形态特征，结合渔村景观视觉元素，如地形地貌、植物等及功能和景观组织，划分为以下五个功能区（图6-73）。

图6-71   总平面图

图例

N

0 10 15 20 25 35

①主入口景观　　　　　　　⑬鱼塘迷宫（亲水体验）
②次入口景观　　　　　　　⑭主题民宿
③入口广场　　　　　　　　⑮鱼韵集市
④生态停车位　　　　　　　⑯古径觅幽
⑤游客中心　　　　　　　　⑰稻田大地景观
⑥Logo　　　　　　　　　　⑱鱼仕石山
⑦绿野仙道　　　　　　　　⑲垂钓湾
⑧生态沟（水曲花径）　　　⑳观鱼湖屋
⑨观景平台　　　　　　　　㉑戏水台
⑩观景塔（渔家灯塔）　　　㉒川虹饮（互动水车）
⑪云水桥　　　　　　　　　㉓渔家灯火
⑫渔人码头　　　　　　　　㉔竹岩积翠（竹林景观）

图6-72   总平面注释图

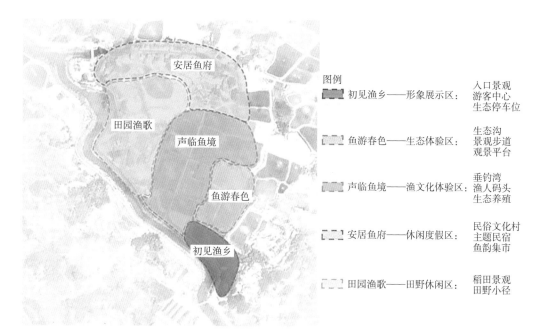

图6-73　功能分区图

①形象展示区：此区域位于渔村南部，作为渔村形象展示的主要场地，设置了入口景观、游客中心、生态停车场。入口接城市干道，交通方面，便于使用。

②生态体验区：此区域位于渔村东南部，作为自然生态游赏场所，设置了生态沟、景观步道、观景平台等生态体验区域，为人们提供了休闲、游憩、观赏的场地，同时能让人们在休闲漫步之时能与自然亲密接触。

③渔文化体验区：此区域位于渔村中部，作为渔文化艺术主题空间，设置了垂钓湾、渔人码头、生态养殖等沉浸式体验场所，创造生态、自然的环境，为他们创造一个自然、生态的渔文化空间，鼓励游客更多地接触大自然，并在周边设置新颖、独特的娱乐运动设施，让不同年龄、不同兴趣爱好的游客都能找到适合自己的体验方式。

④休闲度假区：此区域位于渔村北部，包括民俗文化村、主题民生、鱼韵集市区域设置，在涵养身心的同时感受乡村民俗、乡村热闹场景，体验区别于城市的不同风味。

⑤田野休闲区：此区域位于渔村西侧，以稻田景观、田野小径为代表的休闲活动空间，予以游客与田野近距离接触，零距离感受傍晚乡村田野的宁静与舒适，体验晚风吹拂发丝，呼吸甜润空气的愉悦感。

（4）交通流线图。按照渔村的用地特点、定性（开放型）要求，以及周边城市道路布置和城市居民到公园的流向，渔村共设出入口两个，其中一个主入口，一个次入口。

①渔村主入口：主入口连接城市干道，方便人流出入并接纳各方向的游客。

②公园次入口：由于渔村为开放型旅游接待，为方便村民就近进出渔村，因此次入

口设置在北侧，连接村内。

为了更好地展现渔村的景观和组织游客的游憩观赏活动，公园内部道路系统结构采用步行系统和部分自行车行系统相结合的方式，构成交通体系（图6-74）。

3. 节点效果图

（1）入口建筑改造。将原本的民房改成了渔村的游客服务中心，运用石、木、瓦等乡土元素对原建筑进行改造，并结合现代审美展现出游客服务中心的时代性、创新性与融合性（图6-75）。

（2）生态沟。设计前的生态沟杂草丛生，景象荒凉，通过对生态沟进行深入的场地分析后，对生态沟的水景与湿地进行勘测

比较，用乡村水景与湿地景观的设计方法，采取不同景观植物锁水的方式对生态沟的天然与生态进行保护，形成"落霞与孤鹜齐飞，秋水共长天一色"的自然美景（图6-76）。

（3）观景台。这些观景台运用钢、铁、木、玻璃等材料以相同的几何元素搭成。细部和栏杆由钢材制成，并且漆成深棕色，以深入自然。个别部位采用不锈钢，为游客提供一个独特的场所来体验乡村与城市、人与自然之间的关系。在这里，人们可以静静地观赏鱼跃南北，与水深度接触，见证生命的力量，聆听水的声音，感受自然的气息，体会自然的价值（图6-77、图6-78）。

（4）景观步道。在渔村的景观步道设计

图6-74　交通流线图

图6-75　入口建筑改造效果图

图6-76　生态沟效果意向图

图6-77　观景台效果图（一）

图6-78　观景台效果图（二）

上，其表面是由彩色瓷片、彩色石子拼贴而成的抽象鱼元素、具象鱼元素的图案，码头般的狭长栈道保持了渔村的形象与活力。步道仅有两米宽，但鱼塘可以按照原有流径持续供给，避免了大面积土地位移，并且保护了场地内原有的水资源（图6-79）。

（5）云水桥。桥身如同一条缎带，通过乡村公共艺术设计对桥进行有机连接，连通揉入湖水柔波元素的桥上栏杆，桥上桥下的绿化种植延续了原生态设计理念，结合对本土植物及动物的思考，将乔木和灌木融入桥边，构建了一座连接两岸的浮动空间（图6-80）。

（6）鱼塘迷宫。鱼塘迷宫为渔文化体验区的沉浸式走廊，将原有的硬化河道进行破形和生态化设计，并在水中投入品种多样的鱼类，同时增加人与水体的接触面，身临其境感受渔文化的魅力。走廊也为渔村的原生动植物创造了一片可供栖息、繁衍的场所，提高了公共卫生质量，带来了具有良好景观

图6-79　景观步道效果图

图6-80　云水桥效果图

质量的公共空间，也重新定义了可持续发展的标准。整体廊道在原有河道基础上，增加鱼塘迷宫的面积，使走廊与鱼塘相穿插，打造出一条人性化沉浸走廊，活化了渔村的公共空间。木栈道蜿蜒地穿过层层水生植物，

而硬质的铺装则带领游客进入"海底世界"去探险（图6-81）。

（7）鱼塘堡坎。原始堡坎单调普通，美感度不高，对渔村的整体形象造成了一定的影响。在堡坎上运用了与景观步道相似的处

图6-81　鱼塘迷宫效果图

理方法，主要采用混凝土、耐候钢板材料，其表面配有由瓷片拼贴而成的具象鱼图案、抽象鱼图案、水波纹渔网等元素，在保障安全的前提下，生动形象地展示出渔文化，以此提升渔村的整体氛围感（图6-82）。

（8）戏水台。戏水台相互连接设置了多处活动区，提供了多维度的亲水可能，充分体现与水共生的场所理念，为游客创造了丰富多样的亲水体验，并以灵活的姿态适应未来的规划，同时呈现一幅欣欣向荣的水文化新画卷。交通栏杆将这片区域围合起来，当人们坐在休闲凳上休憩时，不仅能观赏周围有趣的活动，还能欣赏渔村的美景，营造出一种自家后院的亲切氛围，为游客们带来怡

然自得的轻松体验（图6-83）。

（9）观鱼潮屋。在渔文化体验功能区新建了以夯土、玻璃、钢结构为材料的现代空

图6-82　鱼塘堡坎效果图

图6-83　戏水台效果图

间，形成新老材料的对话，以此唤醒时空记忆，并保留原有文化价值。在观鱼潮屋内深入感受川西渔村的历史记忆，给游客体验一场渔文化盛宴（图6-84）。

（10）次入口。次入口的设计突破了渔村西侧的边界，成为一个周边居民与渔村的重要连接节点，用乡村公共设计呈现出另一个生态的、展示渔村形象的愿景。次入口也将成为一个标志性的节点，映衬出静态、动态休闲活动设施和不同流线的交织。多样化的种植设计也将极大地改善渔村次入口的生物多样性，并为整个区域提供了有效的雨水径流处理系统。在次入口能够引导游客探索更多从森林到湿地的不同形态的自然栖息地（图6-85）。

（11）鱼韵集市。鱼韵集市在休闲度假功能区内，该场地居民房居多，因此对居民房外观和居民房院内进行适度改造，以提升

图6-84 观鱼潮屋效果意向图

图6-85 次入口效果图

渔村整体形象。居民房外墙以墙绘的方式营造居民房氛围，大量增加植物配备，加大院落设施以营造鱼韵集市的整体性，并提升美感度（图6-86）。

（12）景观构筑。景观构筑也是展示渔村形象的重要部分，充分结合场地特点，合理融入特征鲜明的渔元素，时时为打造渔村整体形象做考虑（图6-87）。

图6-86　鱼韵集市效果图

图6-87　景观构筑效果图

第三节

武隆万银村、黄渡村乡村人居环境改造项目

一、项目要求

（一）项目背景

万银村是重庆市武隆区凤山街道下辖的行政村，与黄渡村紧密相邻。万银村位于武隆区巷口镇，地处乌江江畔，属于武陵山脉和大娄山脉的结合部，在大武陵山旅游区西部及大仙女山旅游区南部边缘地带。

与之相邻的黄渡村拥有"武隆喀斯特"世界自然遗产核心区，武隆岩溶国家地质公园芙蓉洞、芙蓉江，以及国家5A级旅游区、国家森林公园仙女山、天生三桥、龙水峡地缝等优美风景区。并且处于周边

区县景点交通的核心地带，地理位置优势
明显。

（二）设计理念

1. 自然为主、环保为先

"绿水青山就是金山银山"，环境保护是
我国的基本国策。在保护环境的同时，还要
注意考虑环境与设计的兼容性，不能为了建
设而破坏自然环境，而应通过设计，让人与
自然更融洽地相处。在建设过程中，还要考
虑应对污染问题，如生活废水、人畜粪便的
无害化处理、垃圾清运的方式和路线等。要
把环保思维贯穿设计始终，建造的方式可以
将传统工艺和现代技术相结合，营造出差异
美感。

2. 因地制宜、因材施用

在建设过程中，要尽量保留和保护现状
设施。尽量使用地方传统材料，这样既能降
低原材料采购成本，又能降低运输成本，同
时，地方材料的颜色、肌理以及质感能够有
效衬托出该地的地域特性和历史遗存。不仅
是建筑材料，景观绿化、作物种植方面也可
以大量使用当地植物作物，既能够保证景观
效果的稳定性，还原乡土自然的野性，还可
以进一步凸显该地的地域特性。

3. 村民参与，以人为本

当地的村民是改造建设中最直接的受益
者，也是最主要的实践者，鼓励村民参与建
造可以加强对村民改造的认同感。在开展高
端酒店住宿、特色水寨、旅游资源、餐饮服
务及文化体验的同时，也为当地居民缓解了
就业压力，增加居民收入，提高居民生活
水平。

总体来说，既要融合当地文化，利用好
当地独特的地理条件，还要考虑如何保证以
生态与人文为主导的可持续发展，打造独特
的地域旅游景点。

（三）设计重点

1.3D 立体景观设计

万银村地处乌江江畔，位于武陵山脉和
大娄山脉的结合部，临空绝壁的自然风光和
硕果累累的田园风情最能够体现万银村当地
的旅游特色，其中临空绝壁的自然风光不禁
令人想起李白《蜀道难》中屹立的怪石。而
在武陵山旅游区西部，奇特的喀斯特地貌造
就了万银村起伏跌宕的地形特点，临空绝壁
的自然风光也成为最大的看点之一，因此在
这里进行3D景观设计是万银村项目设计中
的一大重点。

万银村多姿多彩的资源禀赋为该村旅游
开发奠定了坚实的资源基础。地块地形起伏
较大，视野开阔，可设置观景台；中部往南
处的地势较为平坦，可用于修建接待服务中
心和停车场。整个项目地乡村风貌较原始，
旅游资源尚待开发，尤其是基础服务设施亟
待升级完善。

2. 水景景观设计

黄渡村的水资源景观十分具有优势，乌
江支流贯穿全村。居民通常居住于东西两
侧，黄渡村内部处于乡道和省道交汇处，是
主要的人流来向。黄渡村现有的主要资源是
水体、沙滩资源，是武隆居民郊游的好去
处，其周边旅游资源丰富，形成气候旅游资
源。同时黄渡村位于喀斯特旅游区内，风景
壮观优美（图6-88）。

在设计景观时，需要做到有动有静、有声有色。平静的水面，能够给人以安逸、清澈感和无限宁静的情怀，激荡的瀑布则能创造出奔腾的动态，荡人心怀。溪水的潺潺声响，能够给人以美的听觉感受。在设计中，通过适当调节人工灯光，对水的自然色彩进行设计，从而给人带来一种视觉冲击。

3. 植物景观设计

植物是表达地域性自然景观的指示性要素，也是反映景观类型的代表性元素之一。植物景观设计使环境具有美学欣赏价值、日常使用功能，并能保证生态可持续性发展。强调自然文化的植物景观设计，使植物景观设计具有了复杂性和独特性。根据各地独有的植物景观进行设计，也是本次项目的重难点之一。

万银村拥有较好的自然资源与产业根基。其景观资源丰富且山坡道路为乡村硬化道路，农业景观树木品种繁多，如李树、梨树、桃树、樱桃树等，主要以点状分布的形式呈现居民建筑特点。作为万银村的培植特色优势产业，黄腊李增加了当地农民的收入，并被打造成了该村的特色产业和优秀品牌。在所有的项目中，万花银海景观挖掘的李文化，以及其延伸出来的观光产业是最具鲜明特色和可开发性的资源。

黄渡村不仅拥有乌江极其丰富的支流体系，同时场地内植被生长状况良好，有桂花、橘子树、竹子、黄葛树等。美中不足的是这些植物缺乏层次和色彩搭配，水体景观也略显单一，这就需要对其植物景观进行相应的规划与设计，从而提升当地的整体美感（图6-89）。

（四）设计难点

1. 地形设计难点

地形骨架的"塑造"，山水布局，峰、峦、坡、谷、江、河、湖、泉、瀑等地貌小品的设置，它们之间的相对位置、高低、大小、比例、尺度、外观形态、坡度的控制和高程关系等都需要通过地形设计来解决。地形的种类多种多样，实体有峰、峦、岗、岭、壁；空体有谷、壑、峪、峡、坝等。本次项目的地貌属于其中的"壁"和"江"，在设计地形中尽量遵循顺应自然，因高就低，利用原地形为主、改造为辅的原则。

2. 景观带设计难点

景观带指的是生态景观林带，是在连绵山体、主要江河沿江两岸、沿海海岸及交通主干线两侧一定范围内，营建具有多层次、多树种、多色彩、多功能、多效益的森林绿

图6-88　黄渡村水系展示图

图6-89 万银村特产黄腊李

色带。生态景观林带是重要的景观资源和生态屏障，是展示区域形象的重要载体。生态景观林带由景观节点（点）、绿色景观带（线）和生态景观带（面）组成。设计成熟的景观带可为当地带来多种效益，如改善生态、防灾减灾、林业转型、形象展示以及多元发展等。

二、项目实践

（一）分析篇

1. 区位交通

万银村是重庆市武隆区凤山街道下辖的行政村，与黄渡村紧密相邻（图6-90）。距离武隆县城20km，紧邻319国道、距包茂高速公路、渝怀铁路22km。

黄渡村同样位于武隆区西南方，距武隆城区3km，该项目位于重庆市武隆区凤凰街道西南部的黄渡村的项目，距重庆市150km左右，约3小时车程，距离武隆主城区大约6km（图6-91）。

2. 场地肌理

场地肌理主要为公路、绝壁、河畔、田园、果园（图6-92）。

3. 基地特征

万银村西面靠近乌江河崖壁处有一条居民自建道路，不仅基础条件较差，安全系数也未能达标，少量土墙、建筑风貌杂乱随意，严重影响村落的风貌。现场沿途道路存在严重滑坡垮塌和石头坠落的风险，村民出行和319国道通行车辆安全隐患大。项目地风貌较原始，但基础服务设施亟待升级完善（图6-93、图6-94）。

4. 设计原则

设计尊重原始特色，保留利用原生资

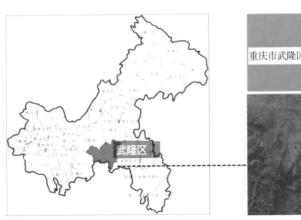

图6-90 万银村区位交通

图 6-91　黄渡村区位交通

图 6-92　场地肌理

图 6-93　万银村基地特征

道路

建设西路（省道）7m

乡道（至白马镇）5m

进村桥 6.6m

民宅

沿街建筑

村落民宅

村落民宅

图 6-94　黄渡村基地特征

源，大量运用当地石材，使用生态工法进行景观营造和基础设施改造。鼓励村民参与建造以加强对乡村改造的认同感。

5. 文化解读

（1）乌江壁画，万银花海。东汉时期，文字学家许慎在《说文解字》一书中释璧："瑞玉，圆器也。"《尔雅》对璧的解释："肉倍好谓之璧。"邢禹疏："肉，边也，好，孔也，边大倍于孔者名璧。"距武隆县城几公里的西面，两条断崖之间几千亩地就是一块玉，形成一张挂在乌江上的自然壁画，画中悠谷、田园与世隔绝，近于闹市而又远于闹市，不失为一处隐居避世之地。

（2）凤舞黄渡，水上乐园。凤舞黄渡即黄柏渡，该水上乐园镶嵌在乌江中游的山清水秀之间，潜埋在乌江流域幽深蜿蜒的千仞峡壁中，消隐在亘古时光隧道的记忆里。便捷的水路交通成为大山连接外面世界的商旅要塞。

（二）灵感篇

本项目分别开展于重庆市武隆区的万银村和黄渡村，当地多呈现喀斯特地貌，旅游资源十分丰富，根据此特点，打造出两个武隆山地乡村旅游精品实践基地，分别是万银村的"乌江壁画，万花银海"以及黄渡村的"凤舞黄渡，水上乐园"。

1. 万银村项目设计思路

结合项目地乡村旅游资源，确定万银村旅游开发思路为：打造"乌江壁画"旅游品牌，整合优化空间格局，明确优先启动和重点实施建设项目，做活两条旅游带，即"万花银海景观带"和"绝壁天梯景观带"，围绕"巴渝乡土化艺术部落"的目标定位，将"乌江壁画"打造成武隆山地乡村旅游精品实践基地。

万银村地处武隆县城峡门口几公里西边的乌江处。村上人家主要居住在悬崖峭壁之上，这里以悬崖绝壁、怪石林立出名，加之处在乌江之滨，远远望去，宛如人间幻境，故为"乌江壁画"。近年来，村民结合本地生态环境，种植了几千亩李树。这里一年四季景色各不相同，吸引着无数游客到此游玩。而游客每每到此，总要采购一些李子、桃子等水果，为居民带来了不少收入。因此，将地方景色、村民收入、村的名字融合在一起，故为"万花银海"。"乌江壁画"侧重于对当地地理地貌的总结提炼，"万花银海"侧重于对产业收入的设计规划。两者对本方案每个节点的设计，都起到指引的作用（图6-95）。

2. 黄渡村项目设计思路

仁者乐山，智者乐水，一山一水一文化，一寨一院一产业，黄渡村以国家级武隆喀斯特地貌旅游区为基础，"凤舞黄渡"为主题，提取现代建筑风格和水寨风情融于景区。配备高端酒店住宿、特色水寨、餐饮服务及文化体验四大服务行业，打造面向全国的旅游目的地。黄渡村的设计愿景是：盛起生态人文，重塑旅游境地，以生态与人文为主导的可持续发展，打造独特的地域旅游景点。

本项目主要服务武隆当地观光人群、武隆大景区截流人群以及专程旅游度假人群。规划结合凤舞黄渡设计理念和片区整体定位，围绕水系和整体环境特点，形成"一心一镇、一寨四区"的总体结构（图6-96）。

①下入口村标识
②村入口总导视图
③彩虹观光大道
④李子林入口
⑤护坡文化墙
⑥林下石墙
⑦生态步道
⑧林下露营平台
⑨沿途艺术装置
⑩观景"月华流照"
⑪垃圾分类亭
⑫院落改造
⑬水果售卖亭"守拙庭"
⑭农户周围微景观小品
⑮导视牌
⑯水果售卖亭"桃李堂"
⑰文化科普宣传栏
⑱小平台
⑲林下儿童游乐园
⑳停车场
㉑补栽其他品种果树
㉒观景平台"风雨拂甸"
㉓上人口村标识

图例
□ 补植成品桃树苗、高换嫁接果树区域
• 水果展售亭
　生态采摘步道
－ 基地入口大门
— 经果林护坡
· 总导师或农业科普知识宣传专栏
· 导视标识牌

上入口村标
生态步道
文化宣传栏
水果售卖亭"桃李堂"
水果售卖亭"守拙庭"
生态步道
下入口村标
彩色观光大道
村入口导视
观景平台"月华流照"
小平台
导视牌
护坡文化墙
观景平台"风雨拂甸"
生态步道
补栽其他品种果树
院落改造

图6-95　万银村节点平面图

（三）概念篇

1.项目定位

万银村依托项目地特色旅游资源优势，立足千里乌江和大仙女山旅游区。该项目以"乌江壁画，万花银海"为主题引导，将项目地的目标定位为：巴渝乡土文化艺术部落万花银海生态主题旅游目的地。

黄渡村以国家级武隆喀斯特地貌旅游区为基础，以"凤舞黄渡"为主题，提取现代建筑风格和水寨风情融于景区。配备高端酒店住宿、特色水寨、餐饮服务及文化体验的四大服务行业，打造面向全国的旅游目的地。

2.设计理念

（1）万银村项目灵感来源。"乌江壁画，万花银海"是指项目地地处武隆县城几公里西边的乌江绝壁上，崖间坐拥数千亩李树，以悬崖绝壁、怪石林立、万亩花海、果香四溢、乡土民居、艺术田园为主要呈现方式，将李花的诗词歌赋及壁画、艺术装置融入其

①停车场
②水寨入口广场
（地下室内演艺中心）
③瀑布
④水上舞台
⑤凤求凰礼堂
⑥临水民宿
⑦趣味溪流
⑧沙滩
⑨野营烧烤场地
⑩曲径花林
⑪火凤凰（自然之风）
⑫室外温泉池
⑬凤巢温泉酒店
⑭人居环境改造区
⑮改善性住房区
⑯节点广场
⑰冲浪区
⑱水上游乐设施
⑲农产品加工体验区
⑳米摘林
㉑汀步

图6-96　黄渡村总平面设置图

中，加上观景步道及节点点缀，形成观光采摘、农旅、文化、田园乡村综合体。

（2）黄渡村项目灵感来源。"凤舞黄渡，水上乐园"项目基地所在区域具有丰富的山水人文资源，当地旅游资源以临空绝壁的自然风光和硕果累累的田园风情为特色，以悬崖绝壁、怪石林立、果香四溢、乡土民居、田园风光为主要呈现方式。黄柏渡镶嵌在乌江中游的山清水秀之间，潜埋在乌江流域幽深蜿蜒的千仞峡壁中，消隐在亘古时光隧道的记忆里，便捷的水路交通成为大山连接外面世界的商旅要塞。多姿多彩的资源禀赋为项目地的旅游开发奠定了坚实的资源基础。

（四）设计篇

1.万银村节点设计介绍

（1）万银村下入口村标设计说明。村标位于万银村入口位置，背面靠山地势狭小，

旁边又与319国道相连，设计时结合现场情况并依照地形以石头为主要材料，以砌、垒的方式进行设计，结合地貌特征、形成一个与自然相结合统一的规划，共设计了两套方案，如图6-97、图6-98所示。

（2）万银村上入口村标设计说明。使用当地特色的石头做材料，从万银村独特的地貌悬崖提取其形态，模拟从峡谷之中穿过的感觉，设计出可供人休息和观景双重功能的村标设施，共设计三套方案，如图6-99~图6-101所示。

2.万银村公共空间设计介绍

（1）"月华流照"观景平台。月华取义月光；流照意为荡涤世间万物。该观景平台建筑面积为35平方米。道路总长约为500m，宽为1.5m，由虎皮石铺装，150mm×150mm镀锌钢焊接平台，

图6-97　下入口村标设计方案一效果图

图6-98　下入口村标设计方案二效果图

图6-99　上入口村标设计方案一效果图

图6-100　上入口村标设计方案二效果图

图6-101　上入口村标设计方案三效果图

做防腐漆处理喷灰色金属漆。球形亭为45mm×75mm镀锌钢焊接结构，球形钢结构内外装饰20mm厚防腐木，球形亭外墙用沥青瓦铺设以作防水措施。防腐木平台处铺设40mm×80mm防腐木、刷防腐木油两遍。栏杆5mm×60mm镀锌钢焊接，高度1100mm，喷刷氟碳漆（图6-102）。

（2）"风雨拂甸"观景平台。风雨，对应天池坪风雨台；甸，郊外野地；拂甸，应四季景。该平台建筑面积80平方米。道路总长约600m，1.5m宽铺装虎皮石，150mm×150mm镀锌钢焊接平台，做防腐漆处理并喷灰色金属漆。球形亭为45mm×75mm镀锌钢焊接结构，球形钢结构内外装饰20mm厚防腐木，球形亭外墙用沥青瓦铺设以作防水措施。防腐木平台处铺设40mm×80mm防腐木，刷防腐木油两遍。栏杆为5mm×60mm镀锌钢焊接，高为1100mm，喷刷氟碳漆，共设计三套方案，

如图6-103所示。

（3）"守拙庭"水果售卖亭。节点名借用陶渊明《归园田居》中"守拙归园田"诗句。该节点建筑面积48平方米。主要是加固原有建筑，砌石墙与木结构框架结合，地面和卫生间用瓷砖铺贴，屋顶以木板铺设。安装水电及洁具，屋顶盖上小青瓦（图6-104）。

（4）"桃李堂"水果售卖亭。节点借用陶渊明《归园田居》中"桃李罗堂前"诗句。建筑面积136平方米。加固原有建筑，砌石墙与木结构框架结合，地面瓷砖铺贴，凉亭处屋顶以木板铺设并盖玻璃，安装水电及洁具，屋顶采用小青瓦（图6-105）。

（5）科普宣传栏设计。该宣传栏位于水果售卖亭旁，也是路线拐角处，可作科普宣传栏，便于察觉（图6-106）。

（6）露营平台。作为一种可供游客休息的地方，露营平台同时也可以作为观花采摘

图6-102　"月华流照"观景平台效果图

图6-103 "风雨拂甸"观景平台效果图

图6-104 "守拙庭"水果售卖亭效果图

图6-105 "桃李堂"水果售卖亭效果图

图6-106　科普宣传栏效果图

休闲平台、村民作业平台，一台多用，发挥其多功能使用优势（图6-107）。

（7）林下儿童游乐园。借助此处茂密的树林，在树下建儿童游乐园，亲近自然，乐趣横生（图6-108）。

3.黄渡村节点设计介绍

（1）"凤鸣凝江"村标。凤鸣凝江，释义：借用李白《登金陵凤凰台》中"凤去台空江自流"诗句（图6-109）。

（2）"枫桥"桥。"诺亚方舟"和"超级航母"这两个具有科幻色彩的未来建筑是该项目的灵感所在。该设计主要以木、钢为材料，将桥分为四个阶段，每一个阶段设计一个平台，每个平台的基本造型不同，但各个平台又相互呼应，人们可以在这里游玩、观景、聊天。打破传统的木结

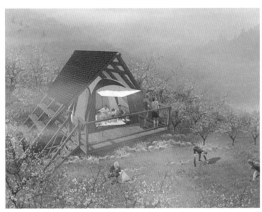

图6-107　露营平台效果图

图6-108　林下儿童游乐园效果图

图6-109　"凤鸣凝江"村标效果图

构，以一个全新的具有造型感的结构展示在人们面前。从鸟瞰的角度看整座桥，仿佛就像停留在山间的诺亚方舟一样，造型感强烈（图6-110）。

（3）导视方案设计。导视牌的制作使用原木色木板、钢板，再结合木桩完成，其中还使用棕色麻绳进行装饰，起到美化作用，整体大气美观实用（图6-111）。

（4）宣传栏方案设计。宣传栏的制作使用防腐木板结合200mm×200mm防腐木柱构成，部分防腐木板粉刷水泥墙漆，起到更耐腐蚀的作用，还用到棕色麻绳进行装饰，整体效果大气美观，张贴的内容清晰，使人一目了然（图6-112）。

（5）厕所方案设计。厕所共设计了两套方案。方案一，如图6-113上图所示，主要使用红砖砌墙，结合防腐木柱和水泥圆形顶棚构成，整体造型新颖，富有设计感。

图6-110　"枫桥"桥效果图

图6-111 导视方案图

图6-112 宣传栏方案图

图6-113 厕所方案图

方案二，如图6-113下图所示，主要使用原始砌墙，结合竹栏栅和小青瓦，周边布置了木制休闲椅，整体造型较为田园化，美观大气。

4. 黄渡村公共空间设计介绍

（1）"黄渡吧士"方案设计。此名取自黄泊渡。采用了不锈钢保护板、钢化玻璃、青瓦以及遮阳棚等材料，主色为鲜艳的柠檬黄色，给人一种阳光、充满活力的感觉（图6-114）。

（2）"竹实铺"小卖部。周围一眼望去都是高高低低的山脉和连绵起伏的田地，将这种优美的元素运用到对小卖部的设计中，使其更加具有层次感和造型感。将小卖部、休息平台、观景台结合在一起，打造一个多功能的空间，给周围的村民提供一个休闲、娱乐、商品买卖的空间场所（图6-115）。

（3）"梧桐"咖啡书屋。梧桐意为凤凰栖息的树。整体风格简约舒适。在基本保留原有墙体和结构的基础上，对建筑进行修

图6-114　"黄渡吧士"效果图

图6-115　"竹实铺"小卖部效果图

复、加固和更新。外墙饰以夯土色漆，内部容纳造纸工坊，两侧开窗孔，室内经营咖啡，打造一个集娱乐、阅读、共享咖啡于一体的休闲区（图6-116）。

（4）"归凤台"观景亭。意为凤来栖息之地。此观景台大量使用木头与水泥结合搭配，整体简约大气（图6-117）。

（5）"童声园"儿童乐园。儿童游乐园主要由防腐木和红砖两种材质建成，娱乐项目众多，包括趣味迷宫、平衡挑战、轮胎秋千、运动沙地、跷跷板和灵活跳跳圈等多种儿童娱乐项目，周围设置石砌花台，人工装置结合自然，更加符合田园风格（图6-118）。

5. 黄渡村农耕文化展览馆设计介绍

农耕文化展览馆是为宣传农耕文化，悬挂展板，放置农具、农作物所设计的建筑，较为乡村化的外观风格更加符合农耕文化的

图6-116　"梧桐"咖啡书屋效果图

图6-117 "归凤台"观景亭效果图

图6-118 "童声园"儿童乐园效果图

质朴感,给人一种亲切感(图6-119)。

6.黄渡村种植养殖体验设计介绍

(1)草莓园。草莓园入口节点主要采用防腐木构成,小青瓦作为顶棚材料,同时结合石头景墙使建筑更加田园化,还原了农耕文化的质朴感(图6-120)。

(2)孔雀园。孔雀园入口节点主要采用防腐木材料为结构,底座采用了文化石,顶棚材料同样是小青瓦,给人整体、大气的舒适感(图6-121)。

(3)鸽子场。鸽子场大量采用空心砖搭建墙体,结合小青瓦与木条的搭配,使鸽子场整体充满田园气息(图6-122)。

7.黄渡村游客体验馆设计介绍

黄渡村游客体验馆以"水帘洞"的形式呈现。整体采用钢棚做顶面,整个建筑外墙

图6-119　农耕文化展览馆效果图

图6-120　草莓园效果图　　　　　　　　　图6-121　孔雀园效果图

图6-122　鸽子场效果图

使用混合夯土色漆及石材饰面装饰。"溶洞"迂回曲折的特性运用到空间的外墙，形成独特的装饰效果。

室内空间也多采取蜿蜒曲折的线条，众多假山造型结合植物，更能突出"水帘洞"主题，结合防腐木柱作为窗结构材料，更加突出自然之美，游客在此空间内能够放松心情，感受乡间之美，内心得到自然的熏陶（图6-123）。

8.黄渡村手工工坊设计介绍

（1）糟海椒工坊。分别为糟海椒工坊设计了广告牌和招牌，广告牌大量使用了木板

图6-123 "水帘洞"效果图

材和防腐木柱,搭配高清海报,其作用是为当地村民以及游客介绍工坊发展历程。招牌牌匾使用实木刷漆,其标志使用红色锈板填充,"糟海椒工坊"几个字使用不锈钢烤漆,招牌整体大气美观,同时具有较好的耐腐性(图6-124)。

(2)榨油工坊。榨油工坊使用小青瓦屋顶结合灰色墙砖,整体色调和谐统一,局部采用木格栅作为装饰,防腐木板作为牌匾材料,并设有单独指示路牌,工坊整体颇田园

化,工坊员工同时还可以给游客解答相关的专业知识(图6-125)。

9.黄渡村民居改造设计介绍

民居楼色彩搭配(共设计三套方案),如图6-126所示。三栋居民楼皆使用小青瓦作为屋顶材料,房梁都采用木结构,除方案二和方案三都做了屋顶抬高,除去三者粉刷外墙的颜色略有不同之外,建筑的模式与样式皆大致相同。

图6-124 糟海椒工坊效果图

图6-125　榨油工坊效果图

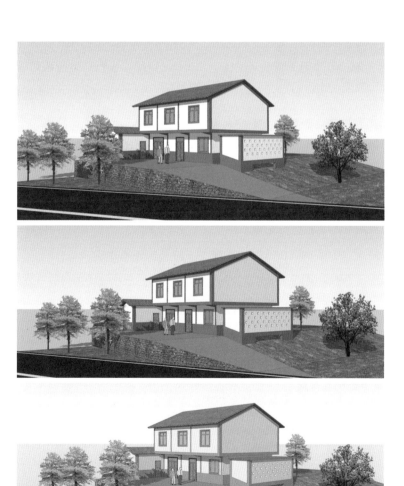

图6-126　居民楼色彩搭配效果图

第四节

武隆仙女山荆竹村乡村人居环境改造

一、项目要求

（一）项目背景

荆竹村是重庆市市辖区武隆区仙女山街道下辖的社区，与石梁子社区、白果村、明星村、桃园村、龙宝塘村、仙女村、庙树村相邻。近年来，荆竹村着力发展农业产业，改善农村人居环境，丰富乡村文化建设，全面奏响乡村振兴新乐章。2020年3月，仙女山镇提出"一中心、二轴线、三组团、多节点"的总体规划布局。

（二）设计要求

为打造文旅融合的示范区，讲好乡村的中国故事，武隆所在的渝东南在发展的过程中，一方面，要实行保护优先，生态红线就是底线；另一方面，追求高质量发展，发展民俗文化，发展康养旅游等。具体要求如下。

1. 打造内心向往的乌托邦

道路沿线出入口标示及沿线景观小品设计：包括主入口（杨妹妹农家乐，至少两个设计方案供参考），次入口2、3（度假酒店入口、刘安模拐子），三岔路口（归原项目进口），钻天铺主入口，其他重要路口节点环境设计（主入区域三岔路口等）。

2. 高山水果采摘园处环境及服务设施改造

高山水果采摘园处环境及服务设施改造项目包括高山水果入口等，高山水果集市（展示馆周边），采摘园区步道休闲空间及游玩设施等，寻梦园周边环境整治等。

3. 民居安置点环境改造

民居安置点环境改造项目包括道路沿线两侧钢棚及房屋改造（烤烟房改造），烤烟科技示范基地周边房屋改造（包括主题亲子乐园、民居风貌整治、公共环境品质提升），集中民居安置点房屋改建（重点包括民居风貌整治、公共环境品质提升、收烟点改建、扶贫集市、集市入口、新农村店招），荆竹村人居环境改造。

4. 归原小镇周边建筑与公共改造

归原小镇周边建筑与公共设施改造项目包括归原沿线样板重点民居1-2幢，归原小镇周边民宿区域文化景观设计（如步道、休息亭、小品景观、生态停车场等配套设施）。

（三）设计重点

1. 乡村公共服务设施

荆竹村是一个山地农业村落，其文化特征主要依附于人文地理环境所积淀下来的生活习俗和建筑文化。在对荆竹村的改造设计中，乡村公共服务设施是设计重点之一。乡村公共基础服务设施的完善程度是衡量农民生活质量的重要依据，是全面推进乡村振兴的重要基础。

在对荆竹村的设计中，加强乡村公共服务设施建设，以"生产、生活、生态"三类为首要方向，使生产设施、生活设施和生态，基础设施配套推进。以交通、电力、生活污水收集管网、污水处理设施、无害化卫生厕所改造建设等生活配套设施为主，既考虑乡村居民生产生活的实际需要，又要根据产业融合发展等要素规模配置基础设施资源。以居民的生产生活为根本，以第三产业发展为动力，两者相互促进，形成协同作用，进一步推动乡村配套与旅游业的发展。要全面推进乡村清洁工程、污水治理工程，建立健全乡村居民自我管理机制、清扫清运机制、经费保障机制等长效机制，切实改善荆竹村的乡村人居环境。

2. 乡村构筑物设计

乡村构筑物展现着乡村旅游的整体形象和细节特色，是"乡土味"的重要展现。荆竹村植被种类丰富多样，山林茂密，郁郁葱葱。楠竹、白竹和金竹等各类竹子遍布庭前屋后，村民充分利用这一当地优质材料，用竹子编制竹篓、竹篱，建造以竹篾为筋的土坯房，但土坯房并不能完全展示荆竹村的乡村形象。荆竹村可以通过乡村构筑物与乡土特色的结合，展现乡村旅游风貌，生动地与游客进行深入对话。

乡村构筑物遍布荆竹村各个角落，虽然构造简单，体量不大，多为木质结构或简易钢结构，主要起装饰作用，但乡村构筑物是对荆竹村公共空间的二次设计，是为满足地形改造、场地设计、安全防护等需要而进行的设计，是构成环境景观的重要元素，同时还满足一定休闲和休憩功能。从而实现环境影响人的行为的效果，在设计创新过程中，要对各景观要素的细节进行艺术设计，从而提高环境景观的价值。通过乡村构筑物设计突破荆竹村观光游的发展瓶颈，向休闲度假游转变，迎接一个旅游需求多元化、旅游消费碎片化、旅游发展全域化的大众旅游时代。

（四）设计难点

1. 荆竹村现阶段发展定位难点

荆竹村以生态人文型乡村度假旅游目的地为总定位，以乡村生态旅游为核心吸引，以人文创意景观为特色观赏，以特色农创文化为亮点体验，以精品民宿、休闲农业为主导产业，打造主题鲜明、体验丰富、配套完善，具备观光游览、休闲度假、康养游乐、休闲商业等功能于一体的仙女山第一村、人文生态主题乡村旅游度假区。但基于荆竹村当地情况，还有部分定位偏口号化，条件不成熟，整体环境品质不高等发展定位的难点。

2. 视觉形象与落地实施难点

荆竹村当地独特的自然及文化资源为其优质化改造建设提供了基础保障。地处喀斯特地貌区，村庄被天坑、松林、沟谷等奇特的自然景观围绕，但也正是这独特的视觉形象让设计难度加大。具体改造方案拼凑，导致荆竹村视觉形象不够明确与突出，难以落地；建筑物形式风格单调、杂乱等都成为改造设计荆竹村的难点。

二、项目实践：归原问舍·乡宿荆竹

（一）分析篇

1.区位交通

荆竹村是重庆市市辖区武隆区仙女山街道下辖的社区。仙女山镇位于长江上游地区、武隆区中北部，处于乌江北岸，距武隆城区20千米。东接火炉镇，南与巷口镇接壤，西与土坎镇、双河乡相连，北邻土地乡；紧邻天生三桥、水龙峡地缝、仙女山国家森林公园等旅游核心区，旅游辐射区位优势明显（图6-127）。

2.现场调研

经过现场考察调研，发现一系列问题，如水资源短缺、果蔬靠引进、产业主要为传统烤烟、雨雾期较长、村民对现状的改造意识比较低。

另外，村庄空心化现象严重，有能力的青壮年都外出打工，仅有少部分村民在家务农和照看老小；部分老屋年久失修，质量堪忧；为了提高收入，村民大量种植烟叶，生产模式单一，土壤生态安全遭到威胁（图6-128）。

3.SWOT分析

（1）S（Strengths，优势）。紧邻5A国家级旅游区，区位优势明显、交通便捷；20余万常住避暑度假客源和2000余万景区游客；2018年全国乡村旅游重点村；归原、

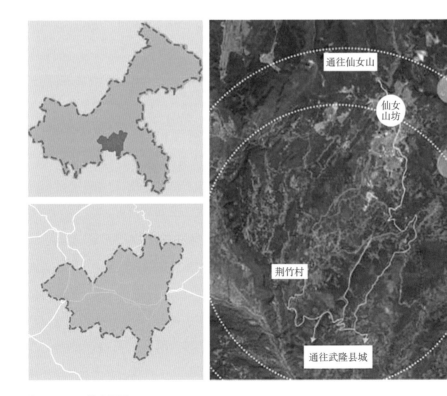

图6-127　区位交通图

烤烟房　　　　　　民居　　　　　　　农田　　　　　　道路

图6-128　现场调研图

阳光童年等诸多成功文旅项目落户周边；成熟品牌高山水果采摘；基础设施趋于完善，平台已搭建。

（2）W（Weaknesses，劣势）。民宿加盟数量类型较少，品质较低；人居环境品质较差，有待提升；与周边村镇相较存在同质化问题；配套设施较为薄弱，道路交通有待升级；产业类型较少，农业种植待换代升级。

（3）O（Opportunities，机遇）。国家倡导全域旅游；重庆市、区政府着力助推；乡村旅居观念与市场区域成熟；机场路经过，交通便捷。

（4）T（Threats，竞争）。与周边村镇同质化严重，有被赶超的可能；现有农业项目经营水平不高，经营理念、审美品位等方面还需提高；全市乡村建设纷纷上马，景区正在蓬勃发展，多点分布，游客被分流；旅游产业链条短，消费体验项目少。

（二）灵感篇

1. 案例借鉴：归原小镇

归原小镇同样在荆竹村，设计师对当地古村的通病分析透彻，将劣势转换为优势，对当地特色的地形地貌及植被进行了最大程度的保留，将山与城都尽收眼底，仅引入了一些具备观赏功能的景观设施。基于对这片土地的深度理解，合理规划和适度干预让贫瘠的土地重焕生机，让古老的村庄重现活力，打造出独特的小镇风貌。

基于归原小镇的"保护—修复—改造—新建"四个层次的规划设计策略，荆竹村以"乡宿"为核心，借鉴全域旅游优势，在保护村落特色的前提下进行提升（图6-129、图6-130）。

2. 案例借鉴：懒坝休闲艺术区

在远离都市文明的山中，建筑师通过对大地景观稍加施工，使人重新注意自然并回归到自然中去。建筑师利用当地自然景观，

图6-129   归原小镇参考图（一）

图6-130   归原小镇参考图（二）

使每个方向都有不一样的风景，并完全被自然所环绕。

借鉴以上两个案例，希望将荆竹村作为自然风景的延伸，让来访者一直保持像在自然地形中可以朝任意方向行走一样的状态，即设计一个自由连续的、消除方向感的村落（图6-131、图6-132）。

（三）概念篇

1. 项目定位

打造全国乡村旅游重点村、旅游扶贫示范村、人居环境精品村：使该地成为国家AAAA级乡村旅游景区。

2. 设计理念

（1）1.0阶段，乡村观光。一部分拥有自然人文资源的乡村，按照景区模式打造景点；另一部分以成都龙泉驿、红砂村农家乐为代表，以"人造乡村生态景观+粗犷低端农家乐"为内容。

（2）2.0阶段，乡村娱乐。越来越多的人走进乡村，也开始对乡村休闲提出更高需求。这时，农家乐的升级版，即综合性的乡村旅游项目和休闲庄园开始出现。

（3）3.0阶段，乡村度假。随着人们生活品质的提高，单纯的"玩"已经不能满足人们的要求。这时，以莫干山为代表的"生态景区+旅游集镇+乡村度假酒店"业态开始出现。

（4）4.0阶段，乡村生活。"旅居"是4.0

图6-131　懒坝休闲艺术区参考图（一）

图6-132　懒坝休闲艺术区参考图（二）

时代的核心，从"传统乡村"向"精致乡村"转变；从"白天观光"向"日夜休闲"转变，兼白天特色游览与夜间休闲娱乐；从"打造旅游"向"社区营造"转变。乡村旅居核心不再是旅游，而是围绕原住民、返乡创客、生态移民的一种生活方式。

新型冠状病毒肺炎疫情则促使网络远程办公更可能成为常态，使得都市人群脱离城市成为可能。荆竹村乡村设计不仅有陶渊明笔下浸润于古老土地的乡村情境和美好意蕴，更有沉淀在骨子里的、浓厚的农耕文明和精神。乡村旅居以"体验原居住环境所没有的异质化生活方式"为目的，其中乡村则提供相对较长时间的居住可能。乡村旅居不以景区为标准进行建设，而更像是一个为原住民、返乡创客、生态移民打造的生态宜居社区。

（四）设计篇

1.设计思路

（1）一心·两带·三组团·多节点。一心是以归原精品民宿为旅游集散中心；两带分别是老荆竹道路旅游带、机场环线美丽乡村展示带；三组团指沙坝扶贫共享农业组团、水果公社休闲农业组团、康养民居组团；多节点包括杨妹妹农家乐出入口、刘安模拐子出入口、钻天铺出入口、归原三岔路口集散点、归原小镇周边、沙坝等（图6-133）。

（2）一核·一带·三产业·六组团。一核是以归原所在地为核心，借用其市场品牌效应，激活荆竹旅游产业；一带以老荆竹道路旅游带为主要建设对象，沿线整合原有资源，发掘创新旅游、研学、创业资源；三产业为中高端民宿、创客研学、高山果园；六组团包括森林探险（丛林穿越）、墟里山居（民宿集群）、秘境石谷（大地景观）、金竹坝（居民安点）、丘陇蔬圃（蔬菜采摘）、仙果奇缘（寻梦果园）（图6-134）。

2.设计策略

以"乡宿"为核心，借全域旅游优势，确定发展方向；差异搭配，定位中高协同发展；抗乡宿联盟大旗，共襄乡旅大局。

3.设计方法

（1）提升视觉品质，完善配套设施。明

图6-133　设计思路分析图（一）

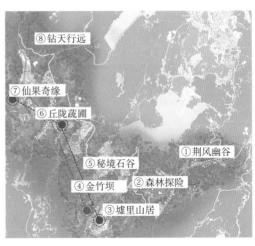

图6-134　设计思路分析图（二）

确荆竹村应定位于"乡村旅居";风格上突出"乡土";在品质上与"归原小镇"保持差异。

（2）反景区适度化，存续乡村气质。道路为线，结点为珠，连点成线，以线带面。长远规划，分期分类逐步实现。

（3）分清轻重缓急，分期逐步实施。果园与居民定居点以地域材料为主，通过设计彰显简约、淳朴的感受。

4.设计原则

（1）自然环保，生态平衡。"绿水青山就是金山银山"。在设计过程中要考虑建筑本身和环境的关系，以及生活废水、人畜粪便的无害化处理，垃圾清运的方式、路线等。

（2）依山就势，因地制宜。由于历史原因，乡村的土地、产业、建筑、自然人文景观已经形成固有制式，在设计中要尽量保留和保护现状设施，通过地方材料的颜色、肌理、质感，保留建筑承载的地域特性和历史遗存。

（3）就地取材，彰显特色。尊重原始特色，保留利用原生资源，使设计更显当地特色。就地取材还可以降低运输成本，控制造价。

（4）共同参与，建设家园。村民是最直接的受益者和最生动的实践者，村民的参与建造可以加强对改造的认同感。村民的参与不仅可以发掘并延续一些当地建造工艺的做法，同时村民也可以获得一定的收入，实现增收。

5.设计成果

（1）总平面图。该项目总体分为八个板块（图6-135），分别为荆风幽谷（主入口区域），森林探险（原生景观带），墟里山居（民宿集群），金竹坝（民居安置点），秘境

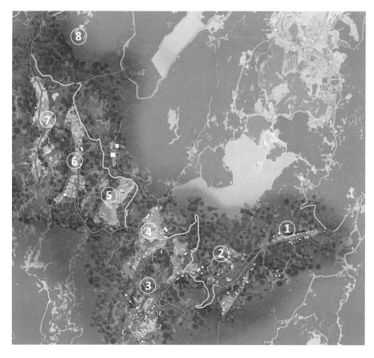

①荆风幽谷（主入口区域）
②森林探险（原生景观带）
③墟里山居（民宿集群）
④金竹坝　（民居安置点）
⑤秘境石谷（奇石景观）
⑥丘陇蔬圃（沙坝农场）
⑦仙果奇缘（寻梦果园）
⑧钻天行远（次入口区域）

图6-135　总平面图

石谷（奇石景观），丘陇蔬圃（沙坝农场），仙果奇缘（寻梦果园），钻天行远（次入口区域）。

（2）总平面注释图。主要展示荆风幽谷的入口设计、金竹坝居民安置点（金竹坊、惠民集市、收烟点、居民活动广场、沿街民居、烤烟房）设计过程以及虚里山居、丘陇蔬圃、仙果奇缘的乡村公共服务设施设计和乡村构筑物设计鉴赏（图6-136）。

（3）交通组织与景观节点。将现有道路进行分段，满足双向车道的基础上，开辟一条骑行道路与步行道路，并在风景较好的节点设置观景平台与景观栈道。规划一条贯穿荆竹的游览观景栈道，结合现有

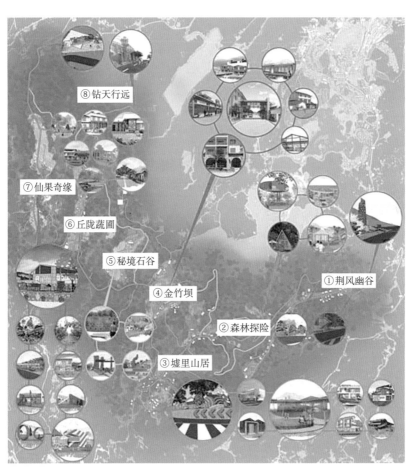

① 荆风幽谷（主入口区域）：主入口、次入口1、次入口2、荆风小筑
② 森林探险（原生景观带）：高空滑索、山林探险、丛林飞跃、林顶漫步、露营小屋、帐篷酒店
③ 墟里山居（民宿集群）：公共服务——金竹迎宾、青竹书院、墟里商铺、羽林茶舍、青石炙肉；乡居民宿——山居小筑、映秀山居、复得山居、故渊山居；景观设施——涵青亭、竹风台、环翠剧场、清音阁
④ 金竹坝（民居安置点）：金竹坊、惠民集市、收烟点、居民活动广场、沿街民居、烤烟房
⑤ 秘境石谷：大地奇观、秘石岩面、飞石叠兀、秘境遗迹、观景平台
⑥ 丘陇蔬圃（沙坝农场）：服务区——入口区域、接待休息区、熹枫别院、荆竹商店、香锅别院、生态餐厅；种植区——七彩梯田、时令种植区、大棚种植区、青青牧场、试验种植区；研究课堂——植物大战、瓜果屋、绿色学堂、DIY厨房
⑦ 仙果奇缘：寻梦园（果园休闲区）——果园集市、寻梦园入口、趣味原野、亲子采摘、果半商店、竹润小院、果园乡食餐厅、星缘雨宿、时光隧道；科技示范区（创业、研学）——儿童活动区、果园主题雕塑、创艺公园、仙缘别院、大地圣果园、葡萄仙坛；百果宫集散中心二（果树自然观光区）——果园自然观光区、山地步道景观
⑧ 钻天行远（次入口）：次入口3、次入口4

图6-136　总平面注释图

道路与各主题区域，打造荆竹特色景观，让游客体验荆竹的自然与人文景色；在展示荆竹自然与人文景观的同时，栈道与景观节点也成为观赏的对象，构成一系列的新观景（图6-137）。以下详细分析其中5个景观节点的设计改造。

①荆风幽谷。作为主入口区的荆风幽谷，通过设计高耸动感的荆竹标识，配合延伸向山谷方向的观景平台，在造型上体现一纵一横两个方向上的力量感（图6-138）。利用导向性极强的三角形，指示出荆竹区域的方位。结合狭长的场地特征，创造出由远及近可以观赏的荆竹扬帆场景，寓意开拓与进取。竹子是当地农家最常用的生活材料，可以做成竹篓、竹筐、竹篱，甚至以竹篾为筋的土坯房。该构筑物通过使用当地的竹材料在贫瘠的山林毅然扎根大地，有着挺拔向阳的气节（图6-139~图6-148）。

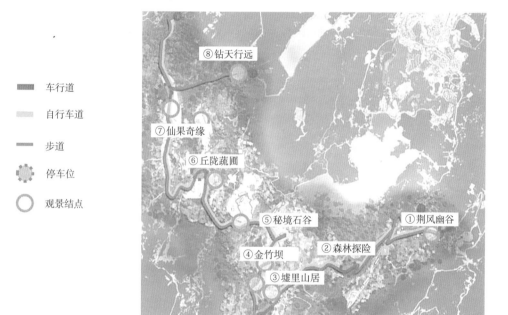

图6-137　交通组织与景观节点

图6-138　荆风幽谷功能点位图

图6-139 荆风幽谷项目概况

图6-143 方案视角（三）

图6-140 设计方案

图6-144 方案视角（四）

图6-141 方案视角（一）

图6-145 方案视角（五）

图6-142 方案视角（二）

图6-146 方案视角（六）

图6-147　方案视角（七）

图6-148　方案视角（八）

②墟里山居。该区域包括"金竹迎宾""青竹书院""涵青亭、竹风台、环翠剧场"这几处乡村构筑物设计（图6-149）。

a.金竹迎宾：该项目地作为较为重要的交通要道，在进行设计前，并不能对外合理展示荆竹村乡村名片。设计师对乡村构筑物设计，选用当地的瓦片、木材、干打垒土墙等材料和结构，让半圆形公路与绿色植被相呼应，诠释与自然的融合，回应场地风貌，并彰显村庄的文化传统（图6-150、图6-151）。

墟里山居
（民宿集群）

公共服务
①金竹迎宾
②青竹书院
③墟里商铺
④羽林茶舍
⑤青石炙肉

乡居民宿
⑥山居小筑
⑦映秀山居
⑧复得山居
⑨故渊山居

景观设施
⑩涵青亭
⑪竹风台
⑫环翠剧场
⑬清音阁

图6-149　墟里山居功能点位图

图6-150　金竹迎宾项目概况

图6-151　金竹迎宾设计方案

b.青竹书院：在乡村公共服务设施设计中，最重要的是"特殊化"的思路，即"个性化"。荆竹村的青竹书院部分规划深入挖掘当地文化和生态因素，建设书院公共服务设施，并在此设计中融合乡村特色和文化、景观和旅游环境氛围，将玻璃、钢架等现代结构融入其中，打造新旧结合的乡村公共服务设施（图6-152~图6-156）。

图6-152 青竹书院设计方案

单位：mm

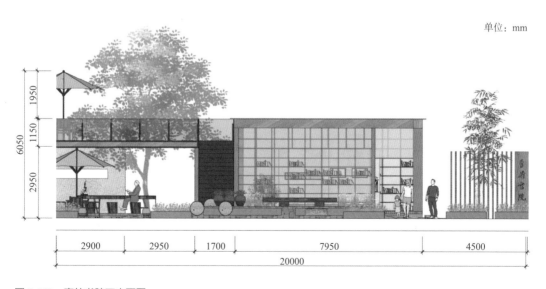

图6-153 青竹书院正立面图

单位：mm

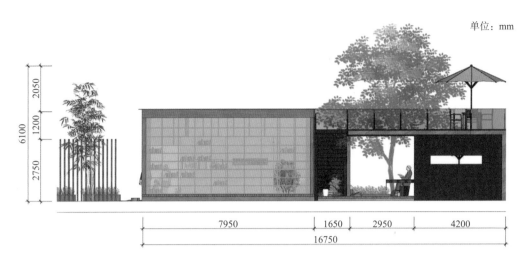

图6-154　青竹书院背立面图

单位：mm

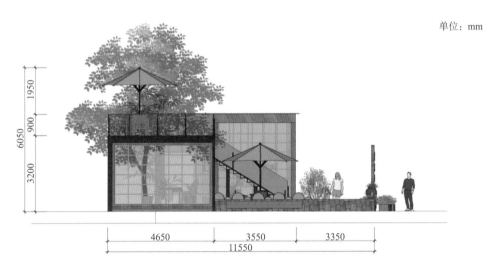

图6-155　青竹书院左立面图

单位：mm

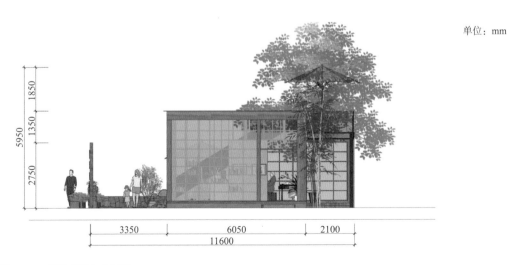

图6-156　青竹书院右立面图

c.涵青亭、竹风台、环翠剧场乡村构筑物设计：这三部分的乡村构筑物设计，充分利用农村文化建设点对线、线对面的组合，使该区域转型为文化村名片，成为旅游景点连接线。设计师通过利用花卉、树木等不同类型的植物景观街区，使荆竹村的乡村构筑物设计成为"线"和"面"的景观。几个主要乡村构筑物——茶亭、风台、露天剧场等，都是充分利用当地木材建造而成的。在设计建造过程中，设计师们共同推演结构、探讨建筑技艺，选用当地的瓦片、木材、干打垒土墙等材料和结构，在回应场地风貌的同时彰显出荆竹村的文化传统（图6-157~图6-159）。

图6-157　涵青亭设计效果图

图6-158　竹风台设计效果图

图6-159 环翠剧场设计效果图

③金竹坝。主要包括金竹坊、居民房、惠民集市、居民活动广场、烤烟房等项目改造（图6-160）。

a.金竹坊：金竹坊区域将原本泥泞的街道铺上水泥，并且在居民楼旁铺设了砖路，使原本杂乱的街道变得有序且干净，同时，

金竹坝
（民居安置点）

①金竹坊
②惠民集市
③收烟点
④居民活动广场
⑤沿街民居
⑥烤烟房

图6-160 金竹坝功能点位图

运用石制花坛将道路与人行道隔开，既保证了美观，又与周边环境相协调。牌坊的设立使道路有内容且有层次感，标明了"荆竹坊"这个地理信息。对于居民楼外立面，设计师将所有细节部分统一，修缮原本不美观的横幅、标语，并增设灯具。居民房区域的改造做到了简约大方，同时确定了主体色调以及建筑风格（图6-161、图6-162）。

b.居民房：对居民房立面简陋的彩钢棚进行了替代，升级为更加有设计感的样式，并对于外立面也做了统一样式的处理（图6-163~图6-167）。

图6-161　金竹坊项目改造之前的状况

图6-162　金竹坊项目设计效果图

图6-163　金竹坊居民房

图6-164　金竹坊居民房设计效果图

图6-165　金竹坊居民房方案视角（一）

图6-166　金竹坊居民房方案视角（二）

图6-167　金竹坊居民房方案视角（三）

c.惠民集市：集市是由篮球场的开阔平地改造而来，原本的水泥地更换成不易积水的石板砖材料。原本的集市较为杂乱，没有做到分区规划。该集市设置在居民房附近，方便了居民行动，建设棚屋的目的在于"一户一棚"，方便管理与经营。最终的场地保留了集市聚集的特点，宽阔的场所让人们的交易更加舒适（图6-168~图6-170）。

图6-168　惠民集市项目原状

图6-169　惠民集市设计方案

图6-170　惠民集市方案视角

　　d.居民活动广场：作为村民的主要活动场所，居民活动广场铺装相对简陋。在设计方案中，犁平了场所，设置了健身器材与儿童游玩设施，不仅改善了原本的环境，还增加了场所的趣味性。较为乡村化的外观风格更加符合农耕文化的质朴感，既保住了乡村原有的风貌，又赋予了它新的生命。对于道路旁的居民房，首要考虑其外观的美观程度，原广场中左侧裸露的杂物棚，在整理环境中显得比较杂乱，功能也比较单一，需要因地制宜。因此，以大环境为背景，从实用性出发进行改造，将此处棚屋改成了瓦屋，不仅美观，还可增加多种用途。所有房屋外立面的细节与喷涂，都做到了统一，符合"农家小院"的基调，更为规整（图6-171、图6-172）。

图6-171　居民活动广场现场原状

图6-172　居民活动广场设计方案

e.烤烟房：烤烟房原本的建筑外立面老旧，并不美观，周围的道路在雨天也会泥泞不堪。通过设计后的方案解决了道路问题，并设置了大量绿化植物。而对于烤烟房本身，将其分为了五个单独的房间，方便运作，同时使用了如防腐木、青瓦等材料，保留了乡土气息，又提高了其实用性与利用率（图6-173~图6-175）。

图6-173　烤烟房项目原状概况

图6-174　烤烟房设计方案（一）

图6-175　烤烟房设计方案（二）

④丘陇蔬圃。包括入口区域、接待休息区、荆竹商店、生态餐厅、奇彩陇丘、瓜果屋等几处乡村构筑物设计（图6-176）。

a.入口区域：丘陇蔬圃入口处保留原来烤烟房形象，增设大门、宣传栏和休息区，配合丰富入口功能。烤烟房旧址作为休息点，继承本土文化。大门和宣传栏主要以木、石、茅草为材料制作，生态的材质更能突出农场的主题（图6-177、图6-178）。

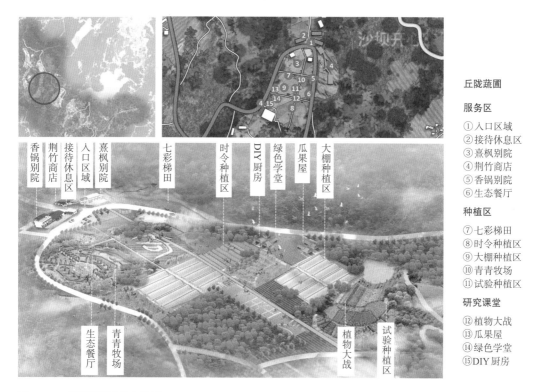

丘陇蔬圃

服务区
①入口区域
②接待休息区
③熹枫别院
④荆竹商店
⑤香锅别院
⑥生态餐厅

种植区
⑦七彩梯田
⑧时令种植区
⑨大棚种植区
⑩青青牧场
⑪试验种植区

研究课堂
⑫植物大战
⑬瓜果屋
⑭绿色学堂
⑮DIY厨房

图6-176　丘陇蔬圃功能点位图

图6-177　丘陇蔬圃项目概况

图6-178　丘陇蔬圃设计方案

b.接待休息区、荆竹商店、香锅别院乡村公共服务设施设计。在改造设计接待休息区、荆竹商店、香锅别院三个区域时，为打造荆竹特色村、美丽村的乡村公共服务体系，设计中尽可能利用生态材料建设生态旅游公共服务设施，以保证与当地生态环境相融合。设计方案中，在保留原有建筑结构的基础上，修复了石墙、灰瓦、木窗等传统建筑材料，并在其旁新建了以夯土、玻璃、钢构为材料的现代空间，形成新老材料的对话，以此唤醒时空记忆，保留原有文化价值（图6-179~图6-186）。既遵循适度超前的原则，又充分考虑游客规模，以此建设旅游公共服务设施，提高公共服务设施利用率，避免资源浪费。另外，利用互联网、云计算等高新技术手段，对接旅游者智能旅游模式，提供智能设施和服务，实现便捷、高效、优质、创新的现代化服务设施。

c. 生态餐厅、奇彩陇丘、青青牧场、绿色学堂、瓜果屋乡村构筑物设计。这五处基地周围是保留完好的自然山石风貌。为了与自然的山石相接，选择干打垒土墙与之呼应，以此尽量保持风土原貌，让这些构筑物既是景观，也是静谧乡野的休闲之所。木材是天然材料，与周边自然环境高度融合，将其用于乡村构筑物设计中，是传统与现代的

图6-179　接待休息区项目原状概况

图6-180　接待休息区设计方案

图6-181　荆竹商店项目概况

图6-182　荆竹商店设计方案（一）

图6-183　荆竹商店设计方案（二）

图6-184　香锅别院项目原状概况

图6-185　香锅别院设计方案（一）

图6-186　香锅别院设计方案（二）

碰撞。在造型方面，大量地采用了极具现代感的线条。在材料和工艺方面，采用了麻绳捆扎、木钉固定、放样模型等传统手法，同时也融入了3D打印、金属构件、数控造型等新技术和新材料，使传统木材与现代技术接轨。用在地材料，以创新手法，萌发新乡村主义聚落，营造创新气质与人文格调，展现乡创社群新生活方式（图6-187~图6-192）。

⑤仙果奇缘。包括果园集市、竹涧小院、仙缘别院等项目节点（图6-193）。

a.果园集市。果园集市基础设施一直延续着老旧状态，导致占道摆摊、脏乱经营、管理秩序不规范等问题无法改善。在对其进行改造设计时，将市场划分为水果、蔬菜等多个区域，并提取蔬菜的颜色大量运用在乡村构筑物设计中，以便给村民提供一个舒适、干净、安全的购物环境，提升他们的幸福感（图6-194、图6-195）。

b.竹涧小院、仙缘别院、葡萄园停车场。荆竹村的公共服务以旅游为中心。在旅游体验方面，充分考虑不同群体的旅游需求，把对乡村的"爱"融入公共服务设施设计中，构建便捷、有益的旅游公共服务设施，提供细致、舒适的旅游公共服务，提高游客满意度。提高乡民的生活质量，方便村

图6-187　生态餐厅设计方案

图6-188　奇彩陇丘项目原状概况

图6-189　奇彩陇丘设计方案

图6-190　青青牧场设计方案

图6-191 绿色学堂设计方案

图6-192 瓜果屋设计方案

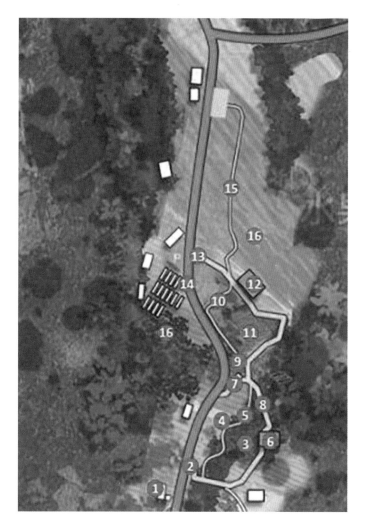

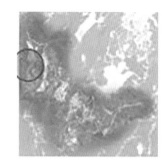

寻梦园集散中心（果园休闲配套区）
① 果园集市
② 寻梦园入口
③ 趣味原野
④ 亲子采摘
⑤ 果半商店
⑥ 竹涧小院
⑦ 果园乡食餐厅
⑧ 时光隧道
科技示范区（科研、创新创业、研学）
⑨ 儿童活动区
⑩ 果园主题雕塑
⑪ 创艺公园
⑫ 仙缘别院
⑬ 大地圣果园入口
⑭ 葡萄仙坛入口
百果宫集散中心二（果树自然观光区）
⑮ 果园自然观光区
⑯ 山地步道景观

图6-193 仙果奇缘功能点位图

民出行、娱乐和修身养性等；改善乡村居住环境，提高公共卫生水平，提升村民的幸福感；亮化荆竹村，实现美丽乡村工程（图6-196~图6-200）。

图6-194   果园集市项目概况

图6-195   果园集市设计方案

图6-196 竹涧小院设计方案

图6-197 仙缘别院设计方案

图6-198 葡萄园停车场项目概况

图6-199 葡萄园停车场设计方案（一）

图6-200   葡萄园停车场设计方案（二）

思考与练习

1. 吐祥镇乡村人居环境改造项目的设计要点是什么？采用了哪些设计元素？

2. 礼让镇乡村人居环境改造项目中是如何打造湿地景观环境的？具体使用了哪些设计手法？

3. 武隆万银村、黄渡村、乡村人居环境改造项目的设计难点有哪些？哪个设计节点你最满意？原因是什么？

4. 武隆区仙女山荆竹村乡村人居环境改造中对于建筑物的改造采用了哪些设计方式？使用了什么材料？

第七章

乡村人居环境设计优秀案例欣赏与分析

第一节

陕西太行村公共空间设计——从内聚到开放

（设计公司：中国乡建院适用建筑工作室）

一、太行村项目背景

太行村位于秦巴山脉。该村从荒山秃岭，变成了一幅绿水青山的美丽画卷；从一个贫困村，变成了村美民富的新农村。这一成就得益于设计师的"妙手回春"。随着该地的发展越来越好，游客数量的逐渐增长，当地急需建设一处可供本地村民和外地游客共同使用的公共空间。但由于山区村落建设用地较为紧张，建筑师决定选取几处相邻的闲置民居进行改造。

二、从内聚到开放的公共空间设计详情

（一）项目概况

山村里的道路弯弯曲曲、地势崎岖，村中民居多用石材建筑材料建成，以石屋、石桥、石径、石桌、石碾等有机组合，从而彰显出太行山人粗犷奔放的野性。"天坑型"的地形使该地呈现出温和、湿润的气候特点，降雨量丰沛，植被茂盛。基于这一特征再加上该地的长期闲置，改造前的院落就显得独立、封闭。为增强场地的公共性，基于

聚会、用餐、住宿等业态，设计师在设计方案时保留了民居主要起居空间，拆除多余构筑物；增加多功能空间；组织新的路径，连接几处院落，并将几处民居整合为一簇半围合的聚落（图7-1）。

（二）修缮与新增

为了改善建筑的结构与热工性能，设计师对建筑室内外进行了修缮。考虑到老房子历史悠久，该地的气息已经完全地融入了这簇聚落，它的产生和衰老都带着当地的时间印记。如果完全按先进、现代的方式改造成一个新建筑，将无力承托这种时间累积带来的气质（图7-2）。保留显然远胜于新造。所以在设计过程中，设计师尽量保留所有的历史形成的细节，从而使建筑本身的沧桑感得以保存（图7-3）。

要使新增建筑在整个空间中不唐突，就需要设计师对专业本身进行考量。在此方案中，设计师决定对室外新增的建筑物从选材上着手，用素混凝土和白色冲孔板，结合周围土瓦色的基调，以此增加的灰白色，使整个公共空间粗糙有致，从而对比出新与旧，达到新旧结合的目的（图7-4）。随着时间的推移，素混凝土的表面将留下新的时间痕迹（图7-5）。

在有限的空间里，设计师利用置入

图7-1　改造前的院落

图7-2　整体概况

图7-3　墙面细节

图7-4　新增建筑

图7-5　以素混凝土营造新增公共空间、白色冲孔板和素混凝土

"盒子"来增加使用面积。将需求外列，利用盒子的造型，进行设计摆放，从而在原基础上进行置入。这样既缩小了涉及范围，也使基本需求的设计有了成型的摆设，使内部建筑有了整体的构架。设计师不仅完善了卫浴暖通设备，还增加了高窗和天窗来改善采光（图7-6）。室内所保留的历史墙面通过喷涂透明罩面剂来起到一定的保护作用。增加的墙体则用大面积的白色来粉刷，这样使内部也有了一定的新旧对比，更多地打造一种围合感（图7-7）。在设计公共区域时，设计师将二层空间的屋顶进行抬高并留出缝隙，使空间结构被彻底改变（图7-8）。新屋顶同老墙之间的空隙使内与外有了更多的互动：田园、山峦的景观从不同的方向涌入内部。有了屋顶的庇护，在二层的公共空间中，村民和游客就可以从新的视点欣赏到村子里更多美丽的景观。

　　设计师对四个庭院外部的公共区域进行

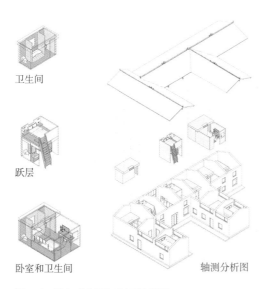

卫生间

跃层

卧室和卫生间

轴测分析图

图7-6　置入"盒子"的三种类型

图7-7　内部

图 7-8   楼层抬高

了修缮（图 7-9）。保留原有的尺度和围合感，在院中可围炉而坐，同时新路径的连接和外增的建筑物使该区域有了整体的连接（图 7-10）。

图 7-9   庭院

图 7-10   整体样貌

三、借鉴分析

太行山村的原始空间限定度较强，建筑本身与周围环境联系较少，趋于封闭型空间，其设计重点在于将内聚的空间做到开放。设计师保留了原始建筑的历史细节，赋予了该设计生命；其材料的选取上增加了质感和颜色的对比，使建筑富有乡村的艺术性，对游客起到一定的吸引作用；采用"盒子"概念和抬高屋顶来扩充内部空间，并将环境融入建筑中去；整体对建筑进行整合，保留了村落簇拥质朴的生活习性，利用空间布局拉近了村民之间的关系。将破旧不堪的无人地，做到了开放迎客的聚集地。从整体来看，空间的色调淡雅和谐，光线柔和，内部简洁明亮，给人一种恬静、悠闲的僻静感。

第二节

贵州烤烟房民宿改造设计——历史与现代相平衡
（主创设计师：傅英斌　团队：张浩然　闫璐）

一、烤烟房项目背景

贵州桐梓县是中国西南的主要烟草产区之一，村子以烟草种植为主要产业，一直维持着手工烤烟的传统。烤烟房作为烤烟产业的重要组成部分，以其独特的外形成为该地区的特色建筑景观并存在于每家每户的院落中（图7-11）。随着产业转型和新型密集式烤烟房的建设，手工操作的传统烤烟房已经失去意义。作为手工烤烟时代最具标志性的产业景观遗存，大量烤烟房被废弃和拆除。在该项目中，设计师希望通过对烤烟房进行改造和更新，来保留传统产业记忆，寻求烤烟房在下一个时代中存在的可能性。

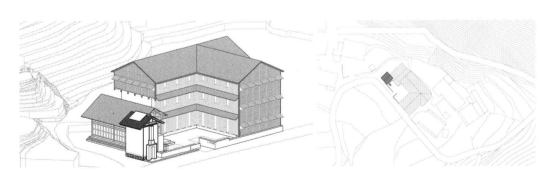

图7-11　烤烟房区位图

二、改造设计详情

（一）项目概况

项目所处的村庄，在国家扶贫政策的指导下，正在进行乡村旅游产业转型。破旧不堪的烤烟房对整体环境的改造带来了一定的阻碍。院子里的葡萄藤与烤烟房一侧的临时棚混杂交织，加上倒塌的烤烟房荒废已久，与业主新建的客房格格不入。面对这一问题，业主原计划是将烤烟房拆除，但经设计师的改造后，将烤烟房与未来民宿经营相结合，使之成为一个特色民俗的客房，将其转换角色，并延续它的生命（图7-12）。

（二）增加与调整

原烤烟房在几十年的时间里经过多次拆建，材料复杂，底层为碎石砌筑墙体，中部以上为后来改建的水泥空心砖墙体、石棉瓦屋顶。现存墙体非常脆弱，既不能开窗，也不能有任何改动。封闭的立面和较为狭窄的内部空间以及采光缺陷，是客房改造面临的最大问题。为解决功能的附着问题，设计师在建筑内部嵌入钢架，将建筑墙体与承重结构分离开来，形成"双层嵌套结构"（图7-13）。这样，建筑本身不做任何改动，而是从框架的搭建上保持功能的附着。这就使旧墙体不再受力，并达到改造最简化，同时存留了时间的印记，赋予了建筑以生命。

为解决采光通风问题，将原有石棉瓦屋面拆除，改为钢结构屋架。整个屋面在原基础上整体抬升，在屋面与墙体之间形成一圈

图7-12　烤烟房原貌及当地居民的生活

图7-13　嵌入建筑内部的钢架结构

带状窗户，将屋外周围的美景镶嵌进顶层。屋面上方还设置了玻璃天窗，将原本黑暗的室内变得光线充裕且富有浪漫气息。天窗的设计，使"光"成为建筑重要的元素之一。白日云影，抑或夜晚星辰，透过天窗而成为房间的一部分。床在巨大的玻璃天窗下方，使之成为一间极富特色的观星客房。而建筑内部的暖光通过窗户散射出来，与冷峻的白墙形成了强烈的视觉反差，从而赋予了该建筑独特的艺术气息（图7-14）。

空间的狭窄使烤烟房的内部形成一种类似"深井"的空间，而分割两层又略显局促，但屋顶的抬高给内部分割空间提供了可能（图7-15）。设计师在保留原有晾晒木梁的基础上对烤烟房内部进行空间分割，上层卧室与天窗，下层起居室。保留原有环形烟道，形成了一个局部下沉空间，既提高了舒适性，满足了不同功能需求，又丰富了空间体验（图7-16）。

图7-14　带状窗户透出的温暖灯光

图7-15　上层卧室和天窗

图7-16　下层起居室

独立卫生间作为客房的必备功能，不可或缺，但烤烟房内部无法容纳一个独立卫生间。于是设计师选择了"功能外置"的方式，将卫生间功能置于外部，独立的卫生间"功能盒子"与烤烟房形成体块穿插关系（图7-17）。卫生间采用钢结构，钢板包裹，底层架空，木材镶嵌，使之与周围环境产生联系。其外观犹如一个漂浮的黑色体块，低调谦逊却棱角鲜明，与烤烟房形成一种和谐的共生关系。

烤烟房标志性的外形是对时代记忆的最好承载，因此，在改造过程中，尽量保留了其原有外观，如封闭的空间，穿插的晒烟杆，凸起的烟道，狭小的观察窗等，并对墙体进行了修复，保留了原有的材料和使用中时间的痕迹。被留下的还有见证了烤烟房变化的葡萄藤，横向的黑色钢筋支架使其与院墙结合，与烤烟房互不干扰。原来烤烟房内一把用来登高挂烟叶的木梯被保留下来，挂在黑色"功能盒子"钢板墙上。这样的设计使整个现代的构筑与时间有了对话，形成了奇妙的对比。调整后的葡萄架低调地处理了与烤烟房及庭院的关系，从而使历史的印记得以在建筑中留存（图7-18~图7-21）。

三、借鉴分析

（一）设计借鉴

在烤烟房的改造中，设计师面对墙体脆弱、不易改动的难题，从整体考虑，不做减法做加法，采用钢结构支撑其功能附着。在遇到狭窄空间中的采光和通风问题时，巧妙地结合建筑外观，从楼顶进行改造，打破常规的侧面通风和透光的特点，将劣势转成优势还能营造浪漫、实际的氛围感。再通过调整层高解决空间狭窄的问题，将设计中的层高调整与建筑本身结构相结合，从而达到历史与现代的一种平衡。同时对空间的规划不局限于一个单体的室内，利用材质、造型、颜色、物件等，将室外的扩充融入项目建筑的本身，使建筑与环境更加和谐。所以，在这一改造中，不要一味地追求仿古或夸张对比，要从项目本身去衍生扩展，寻求一种平衡；遇到问题要打破常规思维，从原建筑的不同角度去切片考虑，将困境与意境相结合，联系实际去分析；不要被空间所局限，

图7-17 新建"盒子"

要有扩张思想；可用外在的装饰将建筑融入历史与环境。

（二）设计思考

面对传统建筑形式与产业记忆，以什么样的态度与之对话，以何种姿态存在，是设计中最值得思考的问题。常见的建筑改造项目，往往呈现两种极端状态。一是崇拜传统，强调"仿古"，然而现代手法很难"仿"出古味。另一种则形式夸张，与传统部分形成强烈对比，过分强调"存在感"而使传统建筑失去了原有的氛围。在这次改造过程中，设计师试图在历史与现代之间寻求一种平衡。即使用属于这个时代的语言对话传统，但又保持谦卑，以低调的姿态与之共存；既不妄自菲薄，又不盲目自信；既不忘传统，又留下这个时代应有的痕迹。

图 7-18 烤烟房、葡萄架与庭院

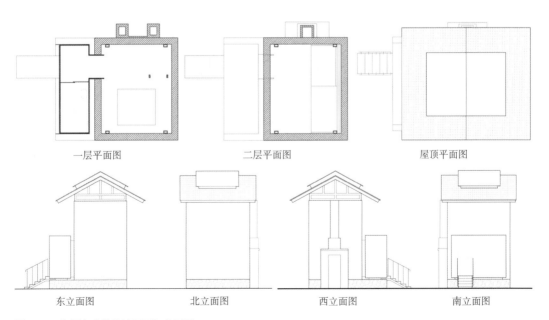

一层平面图　　　　二层平面图　　　　屋顶平面图

东立面图　　北立面图　　西立面图　　南立面图

图 7-19 烤烟房改造设计平面与立面图

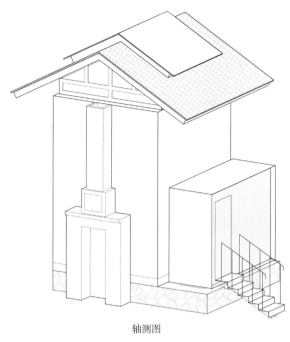

轴测图

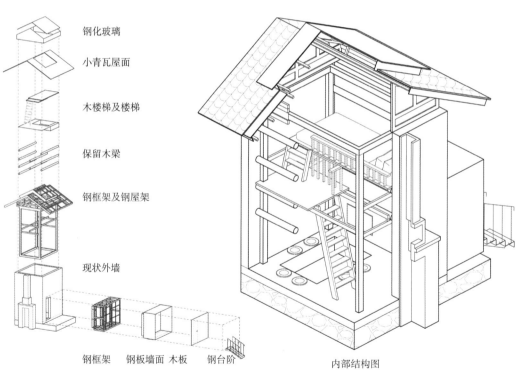

钢化玻璃

小青瓦屋面

木楼梯及楼梯

保留木梁

钢框架及钢屋架

现状外墙

钢框架　钢板墙面　木板　钢台阶

内部结构图

图7-20　烤烟房内部结构关系图

①钢化玻璃屋顶
②小青瓦屋面
③钢屋架
④钢梁
⑤保留木梁
⑥木楼板
⑦木楼梯
⑧保留烟道
⑨钢板墙面
⑩木板
⑪钢框架
⑫钢台阶
⑬石材

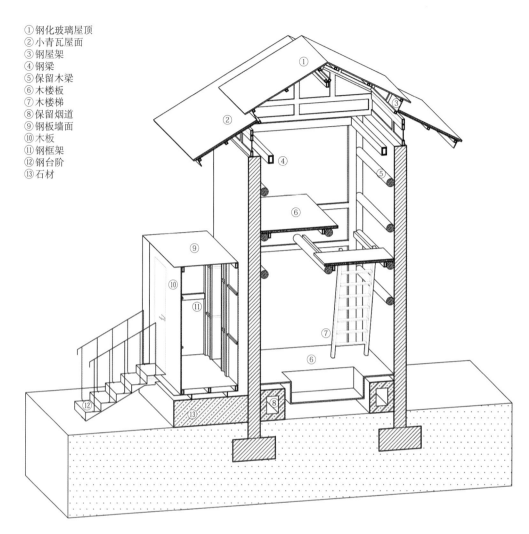

图7-21　烤烟房剖面图

思考与练习

1. 陕西太行村公共空间设计项目中，设计师是如何做到新旧空间协调一体的？具体采用了哪些设计手段？

2. 试画出贵州烤烟房民宿的结构分析图。分析其空间特点，并尝试对其进行设计改造。

参考文献

[1] 张建华，陈火英. 探索新农村建设背景下的乡村景观建设[N]. 建筑时报，2007.

[2] 吴良镛.人居环境科学导论[M].北京：中国建筑工业出版社，2001.

[3] 叶齐茂.欧盟十国乡村社区建设见闻录[J].乡镇论坛，2008（32）：109–113.

[4] 王玉莲.日本乡村建设经验对中国新农村建设的启示[J].世界农业，2012（6）：24–27.

[5] 郭静芳.我国新农村建设的可持续发展研究——基于韩国新村运动的对比分析[J].山西财经大学学报，2012，34（1）：41–42.

[6] 颜毓洁，任学文.日本造村运动对我国新农村建设的启示[J].现代农业，2013（6）：68–69.

[7] 吴良镛.乡土建筑的现代化，现代建筑的地区化——在中国新建筑的探索道路上[J].华中建筑，1998，16（1）：1–4.

[8] 雷振东.整合与重构：关中乡村聚落转型研究[D].西安：西安建筑科技大学，2005.

[9] 李新.村民自治中农民主体意识的培养[D].哈尔滨：哈尔滨师范大学，2011.

[10] 刘振宇.传统乡村景观的保存和改造[J].现代园艺，2018（11）：93–94.

[11] 林卓.艺术介入乡村建设模式研究[J].公共艺术，2018（5）：96–103.

[12] 喻里遥.乡村建筑建设与改造面临的问题及建议[J].乡村科技，2018（17）：124–126.

[13] 汪晓敏，汪庆玲.现代村镇规划与建筑设计[M].南京：东南大学出版社，2007.

[14] 沈洪玉.乡村旅游背景下的低成本民宿改造设计教学研究[J].普洱学院学报，2018，34（3）：41–42.

[15] 冉茂宇，刘煜编著.生态建筑[M].武汉：华中科技大学出版社，2008.

[16] 钱理群.晏阳初平民教育与乡村改造运动思想及其当代价值[J].中国农业大学学报（社会科学版），2017（1）：1-18.

[17] 吴惠明.勿忘初心—近年乡村改造之案例分析[J].城市建设理论研究（电子版），2017（10）：38.

[18] 陈曦.陕南乡村民居改造设计研究[D].西安：西安建筑科技大学，2018.

[19] 雍蓓蕾.乡村聚落的旅游性更新改造设计研究[D].重庆：重庆大学，2008.

[20] 夏淼.当代中国乡村文明建设研究[D].兰州：兰州大学，2011.

[21] 韩玫霖.新农村人居环境设计改造的探究[D].长春：东北师范大学，2017.

[22] 张冬晴.美丽乡村建设背景下的乡村景观改造设计研究[D].保定：河北大学，2018.

[23] 张瑶.乡村传统产业建筑改造设计研究——以祝家甸村砖窑厂改造项目为例[D].成都：西南交通大学，2016.

后 记

中国自古为农耕文明国家，近年来，国家格外注重乡村振兴。乡村人居环境改造设计，是乡村振兴的第一棒，并将会在很长一段时间内成为建设"美丽乡村"的主要内容。乡村人居环境作为乡村与人的载体，不仅是与村民们生产生活相互作用的生命体，也是与大众文化旅游相互交流的传播体。我们希望通过乡村人居环境改造积极响应生态文明建设，形成乡村特有风貌，为人民群众谋福祉，为乡村建设谋未来，为"三农"问题谋方法。

乡村人居环境改造设计在延续民居的基本外观特征基础上，切实融入人民群众对新生活的诉求，以及聚落空间形态和乡土材料特点。乡村也从单一的农业生态图像转变到多元混合的运作模式，通过广大人民群众愿意参与、主动参与、广泛参与、切实推动，让乡村人居环境的改造不仅只停留于环境美化层面上，而是对乡村整体布局、文化传播、艺术交融的织补挖掘。

乡村不是设计师的试验田，乡村人居环境改造设计必须经得住群众与时代的考验，我们希望通过自身的努力让更多的人参与到乡村环境改造的队伍中来，为乡村发展注入更多的新生力量，为乡村人居环境打造更好的实质基础，为乡村振兴书写更美的精彩华章。

本书的完成要感谢中国乡建院适用建筑工作室孙久强教授和傅英斌工作室傅英斌教授提供的设计案例，为本书升华了实践价值；感谢郭龙、马俊、冉鹏、李政、周亮几位老师在实践项目上的设计与指导，为本书的实践基础指明了方向；感谢范强华、梁军、雷超才、冉锋、蔡玉蓉、王学宁、王艳红、巩燕萍、吴满、向付庆、吴珊、曾鑫、李长松、李河蓉、张东方、张远连、程友林、曹曦丹、唐莉、张利群、李晓玲、唐桦予、古书艇、余悦等同学在方案设计中的参与，让书本的实践案例部分有了强有力的支撑。

感谢古书艇、余悦、史曼蓁、张沥之、唐桦予同学在本书中的参与编写，在编写的每个阶段，他们在资料整理、文案编写、定期检查、内容充实上都倾注了自己的心血。

感谢陈龙国教授、王东强教授、丁武泉教授等老师的悉心指导与帮助，从本书的选题、构思、撰写到最后的定稿，每一步都离不开大家的悉心指导，给予了本书更完整的呈现方式。

由于个人知识能力的局限性，本书有一些不当之处敬请各位专家、读者给予批评指正，在此致以诚挚的感激和谢意！

高小勇

2022 年 8 月 20 日